彩图 1　梨树结果状

彩图 2　梨树开花状

彩图 3　华山

彩图 4　苏翠 1 号

彩图 5　中梨 1 号丰产状

彩图 6　红茄

彩图 7　翠冠

彩图 8　圆黄丰产状

彩图 9　黄冠

彩图 10　黄冠丰产状

彩图 11　华山丰产状

彩图 12　秋月

彩图 13　玉露香丰产状

彩图 14　玉露香

彩图 15　红香酥丰产状

彩图 16　红香酥

彩图 17　晚秀丰产状

彩图 18　"Y"形树形及其结果状

彩图 19　"Y"形棚架

河南省科学技术协会资助出版·中原科普书系

河南省"四优四化"科技支撑行动计划丛书

优质梨标准化生产技术

郭献平　　王东升　　吴中营　　主编

中原农民出版社

·郑州·

本书编委会

主　编　郭献平　王东升　吴中营

编　委　郭超峰　吕珍珍　韩永平　郭　鹏　马永会

图书在版编目（CIP）数据

优质梨标准化生产技术 / 郭献平，王东升，吴中营主编 .—郑州：中原农民出版社，2022.5

ISBN 978-7-5542-2565-3

Ⅰ．①优… Ⅱ．①郭… ②王… ③吴… Ⅲ．①梨-果树园艺-标准化 Ⅳ.①S661.2-65

中国版本图书馆CIP数据核字（2022）第024575号

优质梨标准化生产技术
YOUZHI LI BIAOZHUNHUA SHENGCHAN JISHU

出 版 人：刘宏伟
策划编辑：段敬杰
责任编辑：苏国栋
责任校对：韩文利
责任印制：孙　瑞
装帧设计：杨　柳

出版发行：中原农民出版社
　　　　　地址：郑州市郑东新区祥盛街 27 号　　邮编：450016
　　　　　电话：0371—65713859（发行部）　　0371—65788652（天下农书第一编辑部）
经　　销：全国新华书店
印　　刷：新乡市豫北印务有限公司
开　　本：787mm×1092mm　1/16
印　　张：6
插　　页：4
字　　数：105 千字
版　　次：2023 年 1 月第 1 版
印　　次：2023 年 1 月第 1 次印刷
定　　价：30.00 元

目录

一、概述

梨是我国种植范围较广的果树之一，根据 2019 年 1 月联合国粮农组织（FAO）的统计数据显示，截至 2017 年年底，我国梨栽培面积约为 96 万公顷，占世界总栽培面积的 69.1%；总产量约为 1 653 万吨，占世界总产量的 68.4%，稳居世界第一位。河南地处暖温带大陆性季风区，光照充足，热量丰富，雨量适中，日照时数、无霜期、有效积温等条件均适宜梨树生长发育，梨栽培具有广阔的发展前景。黄淮流域大面积淤沙地、薄地，豫西的荒坡地等，为发展梨树生产提供了广阔的土地资源。

（一）梨产业发展现状

1. 面积趋于稳定，产量稳步提升　近十年来，全国梨栽培面积基本趋于平稳，部分区域略有调整，总体上中西部地区栽培面积略有增加，东部地区略有缩减。由于产业技术水平的提升和先进技术的应用，河南省梨栽培面积从 2009 年的 4.71 万公顷增加到 2018 年的 6.34 万公顷，产量从 2009 年的 92.3 万吨增加到 2018 年的 122.9 万吨，与全国的增长均势基本一致。

2. 全国各地均有，河南省各地品种类型不尽相同　从全国主产省来看，河北是我国产梨第一大省，栽培面积和产量均位居全国第一，其次为安徽、新疆、河南、辽宁、陕西、山东、四川、山西、江苏等地。

河南省位于亚热带与北温带的过渡区，豫南与豫北、豫东与豫西生态条件均相差很大，适宜的品种也不尽相同。从位置与气候条件上可以分为豫东、豫北黄河故道白梨与砂梨栽植区，豫西黄土高原及丘陵山地白梨、砂梨与西洋梨栽植区，豫南砂梨栽植区与豫中南砂梨与白梨栽植区，其典型代表有宁陵（民权、虞城与永城）以酥梨为主，三门峡以西洋梨为主，豫北以酥梨与黄金梨为主，豫中南以红香酥、玉露香、酥梨为主,豫南以黄金梨等砂梨为主。近几年,秋月在全省各地都有不少种植,但形成规模栽培的不多;玉露香由于存在较为严重的僵(花)芽现象,仅以豫西黄土丘陵地区、豫北沙土地有一定的种植面积,其他地区有零星栽植;新品种苏翠1号因其成熟早、品质好而在豫中南地区有栽植。

3.高质量果品俏销市场,传统品种丰产难丰收 目前,传统的老品种市场价格不稳定,以宁陵酥梨为例,2010～2019年,每千克价格在2元左右的有2010年、2016年、2017年、2019年,2018年相对高价也是因为花期北方大面积霜冻导致大幅度减产造成的。这表明,目前因为产能过大,市场超级饱和。2020年酥梨在宁陵、民权、虞城等主产区售价为1.4～2.8元/千克,也是因为河北梨产区花期霜冻造成减产,带动了北方其他梨产区价格的上升。反过来,一些新优品种的价格却一直居高不下,据调查,2019～2020年宁陵与永城的秋月价格为5.2～6.2元/千克(0.25千克以上);2020年三门峡的红茄价格为3.6元/千克;2017～2019年山西的玉露香梨价格为7.0～8.0元/千克;2020年河北的黄冠,在7月底收购价最高可达8元/千克,宝丰县的精品秋月以8.2元/千克的价格被一著名的果品零售连锁店订购200吨。

4.发展电商销售,线上线下同时进行 随着贮运保鲜及物流技术日益成熟,梨果的销售形式不再局限于产地就地销售或者经纪人销售等形式,电商等新型销售渠道比例逐渐增加,自2016年开始,宁陵县以电商产业园为平台,引进企业入驻电商产业园进行酥梨的线上销售,短短几年,已形成了酥梨电商销售的专业市场,目前,已有50多家企业入驻电商产业园,辐射网店1 000多家,年销售酥梨及加工产品6 000多万元。目前,电商销售、直播带货已成为果品销售的热点,销量逐年增加,早在2017年,陕州红啤梨就成为水果中的“新宠”,借力互联网,渐成电商眼中的“网红”。

5.品牌是质量标志,认牌购买是消费趋势 目前,网上梨果销售,直接与消费者互动,品牌的重要性更加明显。因此,梨产业就要走“品质为王、品牌制胜、产销并重”的路子,发展“品牌梨”经济,打造新的经济增长点,助推梨产业的发展。为推动酥梨品牌建设,宁陵县注册了“金顶”“梨花桥”“知德福”“金顶谢花”等商标;“三品一标”认证企业4家,认证面积23万亩,其中农产品地理标志登记面积22万亩,绿色食品认证面积1万亩。“宁陵金顶谢花酥梨”入编《河南省知名农业品牌目录》。2018年宁陵合金桥酥梨专业合作社申请了全县第一个绿色产品证书。目前宁陵已有两家合作社拥有了绿色产品证书。

6.组织化程度增加，销售渠道、手段多样化 根据国家梨产业技术体系对于梨农组织化程度的调查数据，近年来，以合作社、龙头企业为主导的生产经营组织蓬勃发展。所调研的全国121个示范县中共有各类梨农组织1 569个，主要集中在山西、河北、陕西、辽宁等梨栽培面积较大的区域。其中，合作社为最主要的组织形式，占全部梨农组织的80%以上，龙头企业占9%，部分产区正逐渐形成以企业为龙头的产业化联合体。

7.发展观光休闲农业，拉动产业发展 集生产、观光、休闲为一体的新型经营模式以及梨花节、梨果采摘活动等多样化的营销手段增加了梨果的附加价值和生产效益，如宁陵县围绕酥梨做文章，连续举办了十六届梨花节、十三届酥梨采摘节、电商节等活动，拉动了旅游服务业的发展，促进了一二三产业融合，社会效益非常显著。孟津县会盟镇铁炉村建设的孟津梨主题公园，已举办了七届梨花节，梨花节期间每天的游客数量都在万人以上，经营农家乐的农户，在梨花节期间每天收入都在千元以上。同时，还进行梨树认领，提前销售果品。现在，铁炉村已经形成了以梨文化为主题，集观光、民俗、休闲、体验于一体的"梨花经济"区，以梨花为媒，借助生态旅游节的示范效应，实现了以旅促农、以旅富民。

（二）发展趋势

在当前农产品产能普遍过剩的大环境下，我国已步入农业高质量发展的新时代，生产重心正逐渐由"产量"向"品质""安全"转变，生产方式从劳动密集型逐步向机械化、轻简化、标准化和现代化迈进，梨果品质和经济效益显著提升，轻简化、标准化管理技术成为主流。

1.栽培模式 细长圆柱形、倒伞形、倒个形、Y形和水平棚架形等新树形的逐步推广，形成了简约、省工、高效的新型栽培模式。与传统的疏散分层形等大冠稀植传统栽培模式相比，具有树体结构简单、整形修剪简化、通风透光条件好、果品质优，且更适合机械化操作等优点。

2.花果管理 套袋栽培已成为生产高质量果品的必备措施；人工授粉、脱萼、疏果等生产技术也达到了普及。梨液体授粉技术比传统授粉方法节省用工90%以上，且操作简单，授粉均匀，坐果效果理想，节本增效显著，在新疆"库尔勒香梨"产区应用广泛,在河南省各主产区也在逐渐开始应用。

3.土肥水管理 传统经验性施肥逐步被梨园配方施肥和水肥一体化管理替代。(人工或自然)生草、(地布或地膜)覆盖、间作、种养结合等多种梨园管理方式,以及梨树修剪枝条降解、堆肥、还田等技术得到了广泛应用,有机肥,特别是生物有机肥逐渐在生产中得到推广。

4.机械化管理 由于新建园多采用宽行距,适于机械化作业,因此,配套的梨园机械化生产装置,如开沟机、旋耕机、割草机、喷药机等在生产中普遍应用;在老果园,喷药机、小型耕作机械等也得到了普及应用;无人机在人工授粉方面因为其省工、高效等优点得到了大力推广。

5.病虫害防治 以化学农药防治为主,生物防治与物理防治也在生产中得到大面积推广应用,由原来的单一依赖化学农药防治逐步向综合治理转变,基本形成了农业防治、物理防治、生物防治与化学农药防治相结合的技术体系,有效降低农药使用次数和用量,基本实现安全生产。

二、土地选择与肥料使用标准

（一）园地的选择

1. 园区环境条件

1）园区的选择　产地应选择生态环境良好，远离污染源，具有可持续生产能力的农业生产区域。

2）园区的土壤环境质量　土壤环境质量标准见表2-1。

表2-1　土壤环境质量标准

单位：毫克/千克

项目	限值		
	pH < 6.5	6.5 ≤ pH ≤ 7.5	pH > 7.5
总镉	0.3	0.3	0.4
总汞	0.25	0.3	0.35
总砷	25	20	20
总铅	50	50	50
总铬	120	120	120
总铜	100	120	120

3）园区的灌溉水质量　医药、生物制品、化学试剂、农药、石化、焦化和有机化工等行业的废水（包括处理后的废水）不应作为梨园产地灌溉水。

灌溉水质量标准见表2-2。

表2-2　灌溉水质量标准

单位：毫克/升

项目	限值
	pH 5.5 ~ 8.5
总汞	0.001
总镉	0.005
总砷	0.05
总铅	0.1
铬（六价）	0.1
氟化物	2.0
化学需氧量	60
石油类	1.0

4）园区空气环境质量　空气环境质量标准见表2-3。

表2-3　空气环境质量标准

项目	限值	
	日平均	1小时平均
总悬浮颗粒物（毫克/米³）	0.30	—
二氧化硫（毫克/米³）	0.15	0.50
二氧化氮（毫克/米³）	0.08	0.20
氟化物（微克/米³）	7	20

注：日平均指任何一日的平均浓度；1小时平均指任何一小时的平均浓度

2. 园区气候与土壤条件

1）土壤条件　以肥沃、有机质含量在1.0%以上的沙质壤土为宜。要求活土层在50厘米以上，地下水位在1.0米以下，土壤pH 5.8 ~ 8.5，总盐量在0.3%以下。

2）气候条件　我国栽培的梨主要有白梨、秋子梨、砂梨和西洋梨4个种，其适宜气候条件见表2-4。

表2-4　适宜气候条件

梨栽培种	年平均气温（℃）	1月平均气温（℃）	年降水量（毫米）
白梨	8.5 ~ 14	−9 ~ −3	450 ~ 900
秋子梨	5 ~ 12	−11 ~ −4	500 ~ 750
砂梨	15 ~ 23	1 ~ 15	800 ~ 1 900
西洋梨	10 ~ 14	−5.5 ~ 3	450 ~ 950

（二）园地规划与栽植技术

1. 规划

1）现代果园模式的规划

（1）专业化商品生产果园　这类果园以供应优质果品，获得最大的经济效益为目的。这类果园所栽果树必须栽在最适宜区内，选择最优良的品种。大面积生产时，应配有相应的生产设施和机具，完善的包装、运输、贮存、加工和信息服务等职能机构。

（2）观光性质的果园　这类果园多数在城郊和名胜景区附近。这类果园兼具果品生产、销售、旅游观光和产品展示等功能，果园的经营理念应围绕为人们提供休闲度假服务场所，便于人们在节假日或工作之余来游玩，既能使身心得到放松，同时又能感受到生产生活气息，呼吸到新鲜的空气。

2）小区的规划　小区是果园生产管理的基本单位，是为了方便果园的生产管理而设置的作业区，一般遵循以下原则：①同一小区内土壤、地势条件基本一致，栽植的果树品种在生长势、成熟期等方面也尽量相近，便于管理。②有利于机械化作业和防止果园风寒，尽量采用长方形小区，长宽比为（2～5）∶1，使小区的长边与当地主要风害方向垂直，与防护林方向一致。③小区大小要适宜，既要便于生产管理，又要尽量减少道路占地。

选好园址以后，主要根据建园规模、地形、地势和土壤条件等，将梨园划分成若干个小区，根据具体情况选择适当的面积，一般平原地区，小区的面积应大一些，一般在5～10公顷，小区的形状，一般设计成长方形，这样便于进行机械化耕作，能够提高工作效率；环境条件稍差的平原地区，小区的面积应适当小一些，一般为3～6公顷；山地、丘陵区，由于地形复杂，不容易成方连片，小区面积一般为1～2公顷。

以平原梨园为例，如小区面积为5公顷左右，选择南北行向，行长一般为50米左右，这样便于管理和机械化作业。

3）道路及附属建筑物规划

（1）道路　梨园尤其是规模较大的梨园，必须设置作业道，便于施肥、喷药和果品运输等。道路的多少、宽窄决定于梨园的规模、小区的数量。一般在果园正中间设置一条贯穿全园的主干道,路面宽 5 ~ 7 米,各小区之间设立支路,一般宽 2 ~ 4 米,主要用作人行道和大型农业机具的通道。

（2）附属建筑物　附属建筑物主要包括管理用房、农具室、配药池、临时贮藏室、选果棚等,这些建筑物应建设在主干道附近。

目前我国自动化的选果生产线还很少,绝大部分需要通过人工分级,这些工作最好在果园就地进行,因此,在现阶段还必须设置包装场地（即选果棚）。还应该建设相应的冷库和冷藏设施,以备果实不能及时外运时立即入库保鲜。

4）灌排水系统规划

（1）灌溉系统　灌溉系统是果园常用的灌水方法,有渠灌和滴灌等。

①渠灌。这是一种传统的灌溉方法,由机井、干渠、支渠、毛渠组成,渠道一般设置在道路、防护林带旁边,使路、渠、林配套以节约用地。渠道的长度,应尽量缩短,落差大的地方要设跌水槽,保证水的流速适宜。以机井作为水源的一般每 3 ~ 4 公顷设一口机井。

②滴灌。滴灌是近代发展起来的自动化的灌溉技术,它是将有压力的水通过一系列的管道和滴头把水一滴滴灌入果树根系集中分布区域的土壤。滴灌系统由首部枢纽、输水管网和滴头组成。首部枢纽包括水泵、过滤器、混肥装置等;输水管网由干管、支管、分支管、毛管组成;在毛管上每隔一定距离安装一滴头。滴灌的优点是节水,比渠灌节水 60% ~ 70%;灌溉时不破坏土壤结构,可维持较稳的土壤水分;灌溉还可结合追肥,省工、省力。缺点是成本较高,滴头易堵塞,冬季结冻期不便使用。

滴灌的毛管道要铺设在果树根系的集中分布区域,稀植果园一般在果树树冠下铺设成环状。密植果园一般沿树行铺成直线。

（2）排水系统　梨园一般还要设置排水系统,防止雨季产生涝灾,规模较大的果园排水系统分为三级,即小渠、支渠、干渠。小渠顺水流方向,支渠一般与水流方向垂直,并与干渠相连。由于渠道太多,会影响果园作业,有条件的可将这些渠道建成暗渠。

5）防护林的规划　防护林具有降低风速、防止水土流失的作用,有利于果树的生长发育,因而大中型果园均应设置防护林。

（1）防护林的类型　防护林的类型主要有两种:

①稀疏透风型林带。这种林带使大部分气流越过林带上部,而小部分气流穿过林带进入果园,但风速已降低。它的防护范围一般为树高的 25 ~ 35 倍。

②紧密不透风型林带。有大乔木、中等乔木和灌木组成，透风能力差，在迎风面形成高气压，迫使气流上升，跨过林带的上部后迅速下降，恢复原来的速度，因而防护范围较小，但在保护范围内的防风效果较好。由于透风能力低，冷空气容易在林带附近的果园中沉积，而形成辐射霜，冻林带附近已形成高大雪堆或沙堆。

（2）防护林树种的选择　用作防护林的树种，必须满足以下条件：能适应当地环境条件，抗逆性强，生长迅速，枝多叶茂，寿命较长；与果树无共同病虫害，也不是果树病虫害的中间寄主，根蘖少；具有较高的经济价值。

常用的树种有杨树、楸树、榆树、槐树、银杏等。

（3）防护林的营造　防护林应设主林带和副林带，防护林网主林带的方向尽量与当地主要风害方向垂直，副林带与主林带垂直。

主林带一般由 5 ~ 7 行树组成，副林带由 2 ~ 3 行树组成。防护林栽植的株行距为（2.0 ~ 2.5）米 ×（1.0 ~ 1.5）米，同一树种应栽植成一行不宜混栽，防护林距离最近一行果树的距离应不小于 10 米。

2. 品种选择与配置

1）品种选择　豫南多雨地区（南阳、信阳、驻马店等）可选择砂梨品种；西部丘陵地区可选择西洋梨、白梨与砂梨等品种；河南其他地区可选择白梨与砂梨品种。

2）品种配置　梨大部分品种自花结实率低或不结实，因此必须配置授粉品种，才能保证正常授粉和结实。对于自花可结实的品种配置授粉树可提高坐果率、产量和品质。因此，在建园时，应合理配置授粉树。

授粉品种应选择与主栽品种花期一致、花粉量大、亲和力高、商品价值高的品种，配置比例 1 :（1 ~ 4）。

3. 栽植密度与方法

1）栽植密度　两主枝"Y"形棚架模式，株行距为（4 ~ 5）米 ×（3 ~ 4）米，前期株间可适当加密，作为临时株。单臂龙干形棚架模式株行距为（2 ~ 3）米 ×（3 ~ 4）米。

省力密植模式株行距为（0.8 ~ 1.2）米 ×（3.5 ~ 4.0）米。平地果园以南北行向为宜；丘陵山地果园坡度不超过 25°的宜采用南北行向，坡度超过 25°采用沿等高线栽植。

2）栽植方法　平地、滩地和 6°以下的缓坡地为长方形栽植，6° ~ 15°的坡地为等高栽植。

4. 定植后管理

1）定干 两主枝"Y"形棚架模式，定干高度 120 ~ 130 厘米，省力密植的定干高度一般为 30 ~ 40 厘米。

2）查苗补苗 发芽后及时检查成活率，对已经死亡的植株，及时补植并灌水、覆膜，以利成活。

3）加强肥水管理 新梢长出 10 厘米左右时，追施一次速效性氮肥，如每株施尿素 10 ~ 20 克。进入 9 月，应控制施肥和灌水，或喷布生长抑制剂，控制生长，使植株及时停长，充分木质化，以利于越冬。

4）病虫害防治 苗木生长季节，会受到各种病虫害的侵袭，应及时发现，及时防治，以利于苗木正常生长和整形。春季害虫对嫩芽危害十分猖獗，主要有苹毛金龟子、黑绒金龟子、梨茎蜂、梨蚜等。同时，北方春季干旱多风，严重影响新植树的成活率，可通过套塑料袋，保持袋内一定的温度和湿度，不仅可以避免苗木抽干，而且可以发芽快，成活率高，同时可防止金龟子、梨茎蜂的危害。具体操作是：用自制的长 100 厘米、宽 10 厘米左右的塑料筒套在植株上，底部压实。待芽体萌发后分步除袋，即按芽体萌发的顺序逐个破洞，在新梢长出 3 厘米左右时，选择阴天或傍晚一次性除袋。

5）越冬防寒 定植后一至三年生的幼树，经常会发生抽条、根茎冻害或日灼等，越冬前应该采取防寒措施，如绑草把、压倒埋土、树干涂白、地膜或秸秆杂草覆盖、喷防冻液等措施，各地视具体情况而定，以使梨树安全越冬。

（三）肥料使用标准

在梨果生产过程中，肥料的使用是必需的，以保证和增加土壤肥沃度。近年来，随着肥料市场的竞争激烈，在肥料名称上五花八门的炒作，很多产品单看名称真的让人不易分清。但无论施用何种肥料，均需符合国家制定的相关标准，均不能对果品造成污染，以便生产出安全、优质、营养的果品。常用的肥料如下：

1. 无机肥 采用提取、机械粉碎和化学合成等工艺加工制成的无机盐态肥料，又称矿质肥料、矿物肥料、化学肥料。由于大部分化学肥料是无机肥料，有时也将无机肥称为化学肥料，简称化肥。化肥中主要含有的氮、磷、钾等营养元素，以无机化合物的形式存在，大多数要经过化学工业生产。按养分种类可分为以下几类：

1）氮肥　常用的有尿素（含氮 46%）、硫酸铵（又称硫铵，含氮 20.5% ~ 21%）、氯化铵（含氮 25%）、碳酸氢铵（又称碳铵，含氮 17%）等。

2）磷肥　常用的有磷矿粉（含五氧化二磷 10% ~ 35%）、过磷酸钙（又称普钙，含五氧化二磷 16% ~ 18%）、钙镁磷肥（含五氧化二磷 16% ~ 20%）。

3）复合肥料　经化学合成而得，含有 2 种以上的常量养分，常用的有磷酸二氢钾（含五氧化二磷 52%、含氧化钾 34%）、磷酸二铵（含氮 18%、含五氧化二磷 46%）等。

4）复混肥料　由 2 种以上化肥或化肥与有机肥经粉碎、造料等物理过程混合而成，含 2 种以上的常量养分，品种繁多。氮磷钾三元素复混肥按总养分含量分为高浓度、中浓度、低浓度三档。

5）掺混肥料　又称 BB 肥，由 2 种以上化肥不经任何粉碎造料等加工过程直接干混而成，含有 2 种以上常量养分，氮磷钾三元素复混肥总养分含量不低于 35%。

6）微量元素肥　含有植物营养必需的微量元素，如锌、硼、铜、锰、钼、铁等，可以是只含有一种微量元素的单纯化合物，也可以是含有多种微量和大量营养元素的复混肥料或掺混肥料。

2. 有机肥料　国家行业标准《有机肥料》（NY/T 525—2021）中定义，有机肥料主要来源于植物和动物，经过发酵腐熟的含碳有机物料。常用的有机肥料品种有绿肥、厩肥、堆肥、沤肥、沼气肥和废弃物肥料、糟渣等。使用有机肥料可以改善土壤肥力、提供植物营养、提高作物品质。标准中对有机肥料外观颜色进行了要求：褐色或灰褐色，粒状或粉状，均匀，无恶臭，无机械杂质。有机肥料的技术标准见表 2-5，有机肥料中重金属的限量指标见表 2-6。蛔虫卵死亡率和粪大肠菌群数指标应符合国家标准的要求。

表2-5　有机肥料的技术标准

项目	技术指标
有机质的质量分数（以烘干基计），（%）	≥ 30
总养分（氮＋五氧化二磷＋氧化钾）的质量分数（以烘干基计），（%）	≥ 4.0
水分（鲜样）的质量分数，（%）	≤ 30
酸碱度，（pH）	5.5 ~ 8.5

表2-6　有机肥料中重金属的限量指标

单位：毫克／千克

项目	限量指标
总砷（As）(以烘干基计）	≤ 15
总汞（Hg）(以烘干基计）	≤ 2
总铅(Pb)(以烘干基计）	≤ 50
总镉（Cd）(以烘干基计）	≤ 3
总铬(Cr)(以烘干基计）	≤ 150

3. 生物有机肥　根据《生物有机肥》(NY 884—2012) 规定，指特定功能微生物与主要以动植物残体（如禽畜粪便、农作物秸秆等）为来源，并经无害化处理、腐熟的有机物料复合而成的一类兼具微生物肥料和有机肥效应的肥料。使用的微生物菌种应安全、有效，有明确来源和种名。

4. 腐殖酸类肥料　根据《腐殖酸类肥料 分类》(GB/T 35111—2017) 规定，腐殖酸类肥料是指以农业用腐殖酸深加工原料制品和黄腐酸原料制品为基础原料，制成含有一定养分标明量的肥料。按照腐殖酸和黄腐酸的原料来源可分为矿物质腐殖酸类肥料和生物质腐殖酸类肥料。按照产品形态分类，可分为固体腐殖酸肥料、液体腐殖酸肥料、膏体腐殖酸肥料、液体黄腐酸肥料和膏体黄腐酸肥料。按照肥料含养分类型及数量分为腐殖酸和黄腐酸单质肥料。

5. 叶面肥料　根据《含有机质叶面肥料》(GB/T 17419—2018) 中定义，叶面肥料指经水溶解或稀释，具有良好水溶性的液体或固体肥料。外观上看，固体无机械杂质，液体产品无明显分层。主要用于叶面喷施，也可用于树干注射施肥、水肥一体化、无土栽培、冲施、浸种灌根等用途，在使用过程中不损害其他农业设施。

含有机质叶面肥料是指含氨基酸类、糖类、有机酸类、腐殖酸类、黄腐酸类中的一种或多种可水溶的为植物吸收利用的含碳的有机成分，按植物生长所需添加适量氮磷钾及微量元素而制成的主要用于叶面施肥的肥料。

三、设施建造标准

（一）梨宽行密植栽培模式设施建造

1. 搭建时间　梨苗定植后搭建。

2. 搭建材料

1）镀锌钢管　防鸟网柱直径、厚、长度为 6.03 厘米 ×0.38 厘米 ×450 厘米，顶柱直径、厚、长度为 6.03 厘米 ×0.38 厘米 ×350 厘米，边柱直径、厚、长度为 6.03 厘米 ×0.38 厘米 ×350 厘米，支柱直径、厚、长度为 4.83 厘米 ×0.35 厘米 ×350 厘米。

2）水泥柱　边柱长、宽、高为 12 厘米 ×12 厘米 ×350 厘米，顶柱长、宽、高为 12 厘米 ×12 厘米 ×350 厘米，支柱长、宽、高为 8 厘米 ×8 厘米 ×350 厘米。

3）其他材料　C25 混凝土，10# 热镀锌铁丝。

3. 搭建结构与方法

1）镀锌钢管搭建　整个梨园为方形，梨树为南北行向时，从东往西第一行南北行两头距离第一株梨树 1 米外各安装 1 根防鸟网柱，防鸟网柱埋入地下 50 厘米，浇筑长、宽、深为 30 厘米 ×30 厘米 ×50 厘米的混凝土固定。在防鸟网柱距离地面 260 厘米处用顶柱从内侧支撑防鸟网柱，顶柱与防鸟网柱的角度约为 30°，浇筑长、宽、深为 50 厘米 ×30 厘米 ×30 厘米的混凝土固定。中间每隔 10 米安装 1 根防鸟网柱，用长、宽、深为 30 厘米 ×30 厘米 ×50 厘米的混凝土固定；第二行南北行两头安装 1 根边柱，用顶柱从内侧支撑，中间每隔 10 米安装 1 根支柱；第三行同第一行，第四行同第二行，依次类推，所有柱子都用混凝土固定；最后 1 行安装防鸟网支柱。

防鸟网柱距离地面 110 厘米、280 厘米和 395 厘米打孔；立柱距离地面 110 厘米和 280 厘米打孔；孔径均为 5 毫米。每行用 10# 热镀锌铁丝穿孔拉直固定，用于固定梨树主干。

2）水泥柱搭建　从东往西每行南北行两头距离第一株梨树1米各安装1根边柱，浇筑长、宽、深为30厘米×30厘米×50厘米的混凝土固定。在边柱距离地面260厘米处用顶柱从内侧支撑边柱，顶柱与边柱的角度约为30°，浇筑长、宽、深为50厘米×30厘米×30厘米的混凝土固定顶柱。中间每隔10米安装1根支柱，用混凝土固定。在园区4个角的边柱向园区内侧的东西方向上加1根顶柱。如需搭建防鸟网，在8米×10米位置上每根水泥柱上绑1根直径、厚、长度为4.83厘米×0.35厘米×400厘米的镀锌钢管或长为400厘米的杉木杆。边柱和立柱距离地面110厘米和280厘米处拉两道10#热镀锌铁丝固定梨树主干。

（二）梨棚架栽培模式设施建造

1. 搭建时间　棚架搭建的时间，一般定植后即可搭建棚架，最迟在定植后第二年春萌芽前完成。

2. 搭建材料　棚架材料选用预制水泥柱、镀锌钢管、钢绞线与地锚等。

1）水泥柱　角柱长、宽、高为12厘米×12厘米×330厘米，边柱长、宽、高为10厘米×10厘米×320厘米，支柱长、宽、高为8厘米×8厘米×230厘米，前两种水泥柱均在距顶端10厘米处留槽以便固定钢绞线，支柱顶端留3厘米冷拔丝固定铁丝。

2）镀锌钢管　角柱直径、厚、长度为6.03厘米×0.38厘米×350厘米，边柱直径、厚、长度为4.83厘米×0.35厘米×350厘米，支柱直径、厚、长度为4.83厘米×0.35厘米×230厘米；在支柱顶端横截面上开一个十字槽。

3）钢绞线　钢绞线的规格为7股12#的钢丝；架面的网格选用8#～12#镀锌铁丝，主线用8#～10#，中间用10#～12#，拉成50厘米×50厘米的方格，铁丝要绷紧拉直、架面平整。

4）地锚　地锚用钢筋水泥浇铸，长、宽、高为12厘米×12厘米×50厘米，其上还配置1根大于100厘米长的钢筋，用于和地上部分连接。地锚埋入土中深度大于1米。

3. 棚架结构　角柱分布于园地四个角，按与地面呈45°角向园外倾斜栽埋，埋入土中长度为60～70厘米；边柱分布于园地的四边，向园外倾斜，与地面约呈

45°夹角栽埋，埋土深度约60厘米，边柱每3～6米栽1根；棚中间顺行向的可按8～12米间距竖立1根支柱，其距离应是垂直于行向的边柱间距离的2倍，与边柱成一直线。在角柱上拉3个地锚、边柱上拉一个地锚固定于地面，深度大于1米。

4. 棚架搭建　沿角柱和边柱拉钢绞线环绕一周作为果园棚架的周边，在边柱上拉8#～10#镀锌铁丝作为棚架主线；在主线之间按50厘米×50厘米方格拉10#～12#镀锌铁丝加密作为干线，固定在钢绞线上，纵横交叉点用铁丝固定。钢绞线架设好后，开始架主线，先架设长边主线，后架设短边主线；然后架支线。铁丝要上下交替穿过。

四、河南地区适栽梨优良品种

（一）早熟品种

1. 苏翠 1 号 江苏省农业科学院果树研究所以"华酥"为母本、"翠冠"为父本杂交选育而成，2011 年通过江苏省农作物品种审定委员会审定命名（图 4-1）。

该品种果实长圆形，平均单果重 294.1 克，果梗长 3.5 厘米，果梗直径 0.29 厘米，果梗基部有膨大，梗洼、萼洼深，萼片脱落。果点小密，果锈无或者少，果实黄绿色，果面光滑，果心中等大小，果实硬度为 4.5 千克 / 厘米 ^{2}，可溶性固形物含量在 11.8% 左右，最高可达 13.5%，可溶性总糖含量为 8.32%，酸含量为 0.1%，维生素 C 含量为 6.27 毫克 /100 克，果肉白色，肉质细脆，汁多，甜，成熟后果实微香。品质上等。

树势强，树姿开放，幼树期生长较旺，进入结果期后生长势趋缓，萌芽率高。以短果枝结果为主，果台副梢连续结果能力中等。早果丰产性强。苏翠 1 号 3 月中旬萌芽，3 月底进入盛花期，持续 10 天左右，一年生枝条黄褐色，枝条节间长度 4.8 厘米，芽贴生或者斜生。叶片长椭圆形，叶面平展，叶尖急尖，叶基圆形，叶缘钝锯齿。花蕾白色，每花序 5 ~ 10 朵花，花瓣重叠，心形或圆形，花量中等，花粉多。

苏翠 1 号是早果丰产、品质优良的早熟品种，生产中发现叶片易感叶斑病，果实可采时及时采收，挂树时间短，落果严重。

图 4-1　苏翠 1 号

2. 中梨 1 号　中梨 1 号（又名绿宝石）是由中国农业科学院郑州果树研究所 1982 年选用亲本为新世纪梨 × 早酥梨杂交培育出的优良早熟梨品种。2006 年获河南省科技进步二等奖。

该品种果实近圆形或者扁圆形，单果重 333.0 克左右，果实纵径 8.8 厘米，横径 10.0 厘米，果梗长 2.3 厘米，果梗直径 0.5 厘米，梗洼、萼洼中等，果形指数 0.88 左右，萼片宿存，果点大小中等，较密，果锈无，果实黄绿色，果面平滑；果实硬度 4.3 千克/厘米^2，可溶性固形物含量在 13.0% 左右，可溶性总糖含量约 7.68%，总酸含量约 0.09%，维生素 C 含量为 4.78 毫克/100 克，果心中大，果肉白色，肉质细酥脆，汁多，风味甜，无香气。品质上等。郑州地区可在 7 月 18 日左右采收，完熟在 7 月 25 日左右。

树势强，萌芽力强，成枝力中等。成花容易，以短果枝结果为主，坐果率高。早果性和丰产性强，幼树树姿直立，树干浅灰色，一年生枝条黄绿色，阳面红褐色，节间直径 3.7 厘米，芽离生或斜生，花芽有茸毛。

适应多种气候条件、土壤条件和生态条件栽培，中梨 1 号有成熟早、品质优、外观美、耐盐碱、病虫害少、丰产稳产、适应性广等优点，是优良的早熟梨品种之一。缺点是果形稍不整齐，生产中有裂果现象。

3. 红茄　又名早红考密斯，美国品种，1997 年从山东省果树所引入。

该品种果实短葫芦形，平均单果重 279.2 克。果梗长 2.8 厘米，果梗直径 0.72 厘米。果面紫红色，果面平滑，具有蜡质光泽，果实基部膨大，梗洼极浅狭，萼洼浅狭，果点小稀，果皮厚，果心指数 0.39，中大。果肉乳白色，肉质极细，果实采收经 1 周后变软，易溶于口，汁极多，酸甜可口，芳香味浓，可溶性固形物含量为 13.3%，石细胞少，品质上等。

树势中庸，树姿开张，萌芽率高，成枝力强，树冠枝条较密。成花容易，进入结果期较早，多短果枝结果，坐果率高，大小年不明显，高产稳产。一年生枝条红褐色，主干灰褐色。叶片椭圆形或者卵圆形，尖端渐尖，基部楔形，叶缘锯齿较疏而圆钝。

适应性广，抗寒、抗旱、耐盐碱能力强，抗白粉病，是一个综合性状优良的早熟红色品种，目前市场前景较好，售价较高。

4. 翠冠 浙江省农业科学院园艺研究所以幸水 ×（新世纪 × 杭青）杂交育成的。

该品种果实圆形或者扁圆形，平均单果重 448 克，果梗长度 3.6 厘米，梗洼中等深度，萼洼浅广，果点小，密度中等，不套袋果锈多，果皮光滑，果实绿黄色。果肉白色，肉质细嫩而松脆，石细胞少，汁多，味甜，可溶性固形物含量为 13.4%，可溶性总糖含量为 8.39%，总酸含量为 0.11%，维生素 C 含量为 6.47 毫克 /100 克，果心指数 0.39，品质极上等。

树势强健，树姿直立。极易形成花芽，早果丰产性好。抗干旱，适应性强，适于山地、平地栽培，但以土层厚、肥力高、地下水位低的沙质土为佳。生产上注意疏花疏果，可提高坐果率和果实品质。

（二）中熟品种

1. 圆黄 韩国农村振兴厅园艺研究所用早生赤 × 晚三吉选育，1994 年育成，是韩国中熟梨的主要品种。

该品种果实扁圆形或者圆形，果形指数 0.89，平均单果重 351.5 克，果面光滑平整，果皮薄，果实淡黄色，果点小而稀，果肉纯白色、细腻多汁，可溶性固形物含量为 12.2% ~ 14.8%，风味甜，石细胞极少，果核小，可食率在 95% 以上。品质上等。

树势旺，树势开张。一年生枝条较光滑，黄褐色。叶片展平后卵圆形，叶基形状圆形，叶缘锐锯齿，叶背无茸毛，叶姿斜向下，叶片反卷或抱合，一般每个花序 6 ~ 8 朵花（多的 11 朵），花朵白色，平均每朵花花冠直径 3.8 厘米，柱头高于或等高于花药。花瓣重瓣，圆形或心形，花药白色，花粉量大。在郑州地区，3 月上旬花芽萌芽，3

月中旬叶芽萌动,3月下旬至4月上旬开花。成枝力中等,腋花芽成花容易,坐果率高,四年生圆黄梨,长度大于1米的一年生枝条75.7%形成顶花芽,幼树期以腋花芽为主,盛果期以短果枝结果为主。早果性好,栽植第三年亩产1 826千克,丰产性较强。

该品种早果丰产,抗病能力较强,综合性状优良。抗黑星病。抗旱、抗寒、较耐盐碱,栽培容易。病害防治按照常规管理即可,易丰产。肥水不当,易引起早期落叶。

2. 黄冠 以白梨品种雪花梨为母本,砂梨品种新世纪为父本进行中间杂交培育新品种,1966年通过鉴定,1997年通过河北省林木良种审定,正式命名黄冠。

该品种果实椭圆形,平均单果重350克;果形指数0.97,果梗长4.0厘米,果梗直径0.29厘米,梗洼中,萼洼深广,萼片脱落,果面绿黄色,果点小、光洁无锈,似金冠苹果,外观美;果皮薄,果肉洁白,肉质细、松脆,汁液丰富,可溶性固形物含量为11.8%,可溶性总糖含量8.01%,总酸0.16%,维生素C含量为4.08毫克/100克,果心指数0.31,风味酸甜适口且带蜜香。

树姿开张,树皮光滑,一年生嫩枝红褐色,节间4.2厘米,芽体,较尖,斜生。叶片椭圆形,叶尖渐尖,叶基心脏形,叶缘具刺毛齿。幼叶棕红色,花瓣分离,每朵花5瓣,花药淡紫红色,每花序平均8.7朵。花蕾白色微有红晕。一年生枝条平均长度61.9厘米,萌芽率74%,成枝力中等。以短果枝结果为主,果台连续结果能力强,幼树腋花芽结果现象明显。采用省力密植模式,第三年即可结果,亩产量能达到1 500~2 000千克,早果早丰且易整形特性明显。

黄冠早熟、优质、早果、丰产,高抗黑星病、黑斑病等。

（三）中晚熟品种

1. 华山 韩国农村振兴厅园艺研究所选育,母本为丰水,父本为晚三吉,1992年育成。

该品种果实圆锥形,平均单果重408克,果皮黄褐色,套袋后果皮黄色。果实无锈,果点明显。果肉白色,肉质细脆,汁多,味甘甜,可溶性固形物含量为14.1%。品质上等。在郑州地区8月底至9月初果实成熟。果实成熟后,在温度0℃条件下冷库可以贮藏到翌年1月。

树势开张,生长势中庸。一年生春梢深褐色,嫩叶淡红色,背面一层毡状茸毛。成熟叶片卵圆形，叶基形状圆形，叶尖形状渐尖，叶缘锐锯齿，裂刻无，有刺芒，叶背无茸毛，叶面合抱，叶姿水平，叶柄基部有托叶。每花序平均花朵数 7.5 个，花蕾粉红色，花瓣相邻，心形白色，平均每花朵花瓣数 5.8 个；柱头与花药等高，花药淡紫红色，平均每花朵雄蕊数 25.4 个，平均花冠直径 3.4 厘米。一年生枝萌芽率高，成枝力中等，腋花芽结果能力强。幼树期以腋花芽结果为主，成龄树以短果枝结果为主。定植前两年需加强肥水供应，促使树体尽快成形，枝条健壮，为翌年结果奠定基础。棚架栽培模式下，第四年平均亩产达 3 000 千克。

抗病能力较强，高抗黑斑病。注意防旱、排涝和疏花疏果。病害防治按照常规管理即可。

2. 秋月 日本品种，亲本为（新高 × 丰水）× 幸水。

该品种果实扁圆形，果形端正，果形指数 0.87，单果重 350 ~ 450 克，最大可达 1 000 克左右。果皮黄褐色，套袋后浅黄褐色，果梗长度 3.4 厘米，果梗直径 0.32 厘米。果点明显、中密。可溶性固形物含量在 14% 以上，最高可达 17% 左右，商品率高。果肉白色，肉质酥脆，石细胞少，口感清香，果核小，品质极上。在郑州地区 8 月底至 9 月上旬成熟。秋月果实常温下可贮藏 2 周左右，果心不易腐烂，无采前落果现象，采收期长。在低温冷库（0℃左右）贮藏至当年 12 月左右，果皮有开裂现象。

树姿开张，主干树皮光滑，幼叶褐红色，叶片卵圆形或长圆形，正面深绿色，背面浅绿色；叶基近圆形，叶尖渐尖，叶缘钝锯齿；一年生枝条褐色，有棱，节间长度 4.3 厘米，叶芽贴生，芽托大，一年生延长枝长度 114.2 厘米，直径为 1.1 厘米，一年生枝条萌芽率为 82.4%。花蕾浅红色，盛花时，花白色，花瓣重叠，花瓣椭圆形，每朵花 5 ~ 10 瓣，主头高于花药，花药粉红色，每花序平均花朵数 8.5 朵，花冠直径 4.17 厘米。在郑州地区，初花期 3 月底，盛花期在 4 月 2 日左右，花期 7 天左右，比圆黄、中梨 1 号、黄冠等品种开花晚 3 ~ 5 天。生产中，应注意授粉树配置或者花期人工授粉。

秋月适应性较强，抗寒抗旱，抗病性较强，抗黑斑病、褐斑病。对水肥条件要求较高。缺点是秋月梨果实成熟期易发生木栓病，生产中注意钙、硼等元素的补充。秋月梨枝条连续结果能力一般，结果枝中下部容易光秃，生产中注意延长结果枝年龄。

3. 玉露香 由山西省农业科学院果树研究所以库尔勒香梨为母本、雪花梨为父本杂交选育而成。2003年通过山西省农作物品种审定委员会审定。

该品种果实绿黄色，阳面易形成红晕或暗红色纵向条纹，果点密而中大，果面具蜡质，细腻光洁，果实卵圆形，平均单果重236克。果肉酥脆无渣，味甜具有清香味，口感极佳；可溶性固形物含量为12.5% ~ 16.1%，品质极佳。在郑州地区，8月下旬果实成熟。果实耐贮藏，在恒温冷库（0℃左右）可贮藏6 ~ 8个月。

树姿开张，多年生枝灰褐色，新生枝条红褐色，皮孔白色。叶片卵圆形，叶色深绿，叶基近圆形，叶缘细锐锯齿。花蕾淡粉红色，每花序平均9朵花，花瓣白色，花瓣相邻，花药红色，花粉量少。叶芽较大，先端向内弯曲。幼树树势强健，结果后树势转中庸，萌芽率高，成枝力中等。以短果枝结果为主，幼树期有腋花芽结果能力。成花能力强，坐果率高，花序坐果2 ~ 4个。丰产、稳产，没有大小年结果现象。该品种在河南地区易出现僵芽现象，春季开花时顶花芽坏死，造成严重减产。

树体适应性强，对土壤要求不严，抗腐烂病、黑斑病、褐斑病、白粉病，抗寒抗旱。玉露香是受消费者欢迎的一个品种，但在河南地区引种需慎重，豫中南地区不适宜栽种。生产上注意做好授粉工作。采收贮藏过程中，注意轻拿轻放。

4. 红香酥 亲本为库尔勒香梨 × 鹅梨，由中国农业科学院郑州果树研究所1980年育成，1997年通过河南省农作物品种审定委员会审定。

该品种果实长卵圆形，或纺锤形，平均单果重220克，最大可达509克。果面洁净光滑，果点中大、较密；向阳面2/3部分鲜红色，光滑，果面蜡质多，外观漂亮。果肉淡黄色，肉质细脆，果心小，石细胞少，可溶性固形物含量在13.5%左右，风味甜，品质上等。在郑州地区8月底至9月初成熟，耐贮藏。

树姿开张，长势中庸。主干光滑，一年生枝条黄褐色，节间长度4.3厘米左右，一年生枝条皮孔中大突出，一年生枝延长头长度76.4厘米，直径0.89厘米，萌芽率为73.9%，成枝力强。叶片卵圆形，叶缘细锯齿。花蕾浅粉红色，花瓣白色，花瓣椭圆形，相对位置分离，每个花朵5个花瓣，柱头高于花药，花药淡紫红色，每花序平均7.1朵花，花冠直径4.0厘米。郑州地区初花期在3月27日左右，盛花期3月28左右，开花较其他品种（圆黄、中梨1号、黄冠等）早2天左右。成花易，结果早，丰产稳产，采用圆柱形树形，第三年亩产2 500千克左右，盛果期产量达到5 000千克以上。

抗梨黑星病、黑斑病，抗寒抗旱，是一个难得的中晚熟耐贮运红皮梨优良品种。缺点是晚采易出现果实木栓病现象。

5. 晚秀 韩国 1978 年用单梨 × 晚三吉培育而成,经过多年筛选,1995 年命名。

该品种果实近圆形,平均纵径 8.8 厘米,平均横径 10.4 厘米,单果重 440 ~ 680 克,果皮厚,果皮青褐色,套袋果皮黄色,果点中大,果面光滑;果梗直立,梗洼中狭,萼洼平滑,浅中狭,萼片大多脱落;果肉白色,肉质细,汁多;果心中小,石细胞少,可溶性固形物含量为 13.3%,近核处稍酸,综合品质上等。在郑州地区 10 月中旬成熟。冷库贮藏条件下,温度在 0 ~ 1℃下可贮藏至翌年 4 ~ 5 月。

树势强健,树姿较直立,一年生枝条青色,阳面发红;刚伸展幼叶红色,无茸毛,成熟叶宽卵圆形,叶厚深绿色;叶尖急尖,叶缘锐锯齿,有刺芒,叶面抱合,叶姿斜向下。花蕾浅红色,每花序花朵数 5 ~ 7 朵,平均花冠直径 3.63 厘米,柱头与花药等高,每花朵花瓣数 5 个,花瓣之间相邻,花药淡粉红色。平均一年生枝条长度为 0.91 米,直径为 1.1 厘米,节间长度为 5.0 厘米,芽离生;萌芽力高,一年生枝条萌发率为 85%,成枝力强,幼树期一年生枝条极易形成腋花芽,果台枝成花比率在 79.5% 以上,连续结果能力强,稳产丰产。在河南省农业科学院试验园区,棚架栽植第五年,亩产达到 3 720 千克。

适应性较广,晚秀梨引种期间未见梨黑星病、黑斑病、炭疽病发生。抗旱抗寒,耐夏季高温。

五、梨园管理技术

（一）土壤管理

土壤是树体生长、果实发育所需营养物质和水分的来源，良好的土壤管理，能给果树根系创造良好的发育环境，为树体地上部的发育创建良好的条件。常见的土壤管理措施有：

1. 果园深翻

1）深翻作用　梨为深根性果树，深翻能增加活土层厚度，改善土壤结构和理性性状，加速土壤熟化，增加土壤孔隙度和保水能力，促进土壤微生物活动和矿质元素的释放；改善深层根系生长环境，增加根系吸收根的数量，以提高根系吸收养分和水分的能力。

2）深翻时期　全年均可深翻，通常以 9 月底至翌年 1 月初进行深翻为好，因为此时梨果成熟采收已经结束，养分开始回流根系，又正值根系第二次生长高峰期，此时深翻断根愈合快，当年能促发部分新根，对梨树生长影响小。由于成年梨树根系已布满全园，无论何时用何种方法深翻，都会伤及根系，影响养分、水分的吸收，没有特殊需要，一般不进行全园深翻。可以结合秋施基肥时适当挖深穴施肥，以达到深翻的目的。冬季深翻，根系伤口愈合慢，当年不能长出新根，有时还会导致根系受冻。春季深翻会截断部分根系，不仅影响开花坐果及新梢生长，还会引起树势衰弱，特别是北方多春旱，翻后需及时浇水，早春多风地区蒸发量大，深翻过程中应及时覆土，保护根系。风大、干旱和寒冷地区，不宜进行春季深翻。

3）深翻方法　挖定植沟的梨园,定植第二年顺沟外挖条状沟，深度 50～80 厘米，并逐年外扩，3～4 年完成；挖定植穴栽植的梨园，采用扩穴法，每年在穴四周挖沟深翻50～80厘米，直至株间接通为止。盛果期梨园深翻，一般隔行进行，挖沟应距树干2米以外，沟深50～80厘米，宽0.4～0.5米。第二年再深翻另一行，以免伤根太多，削弱树势。结合深翻，沟底部可填入秸秆、杂草、树枝等，并拌入少量氮肥，以增强土壤微生物活力，提高土壤肥力，改善土壤保水性和透气性。

深翻应随时填土，表土放下层，底土放上层。填土后及时灌水，使根系与土壤充分接触，防止根系悬空，无法吸收水分和养分。沙土地如下层无黏土或砾石层，一般不深翻。

2. 土壤改良

1）碱性土壤 pH 7.5～8.5 碱性土壤虽然矿质元素含量丰富，但矿质元素中铁、锰、磷、锌、硼易被固定，造成植株缺素，出现生理性病害。该类型果园宜采用增施有机肥、改善梨园排水条件、梨园覆盖等措施。

2）酸性土壤 pH 4.5～5.5 酸性土壤易造成土壤板结，通透性差，氧气含量低，还原性强，多种阳离子、阴离子易被还原吸附在根表，有机质、矿质元素易被淋溶流失。通常采用施石灰方法，以土壤 pH 6.5 左右为标准，切忌过量施用。酸性土壤一般施石灰1 025千克/公顷，同时增施草木灰、火烧土等碱性肥，中和土壤酸性。或施用酸性土壤改良剂，能迅速调剂酸性土壤的中性机能，活化土壤结构，同时调节土壤中速效磷、钾的含量，抑制病虫害的发生，分解残留农药，为农作物的生长营造一个最佳的土壤环境，从而提高肥料的使用效率，达到增产、增效和提高品质的目的。

3）清耕法 既在梨园内除种植梨树外，不再种植任何作物。一般是秋季深翻，及时进行多次全面的中耕除草，以保持土壤表面疏松，无杂草，是生产中管理梨园常用的土壤管理制度。

4）生草法 生草法是国外果园广泛应用的管理方式。梨园生草可采用全园生草和行间生草等模式，应根据梨园立地条件、种植管理水平等因素而定。土层深厚、土壤肥沃、根系分布深、株行距较大、光照条件好的梨园，可全园生草；反之，土层浅而瘠薄、光照条件较差的梨园，可采用行间生草方式。在年降水量低于500毫米、无滴灌条件或灌溉条件的梨园不宜生草。果园常用的草种有紫云英、白三叶草、黑麦草、紫花苜蓿等。

5）覆盖法 覆盖法是指在梨园地面上覆盖某种物质，以增湿、保温、防草，减少耕作。地面覆盖有保湿、调温、增肥、控制杂草、保持水土、改土结构和理化性质、增加土壤保肥保水性能，促进根系生长和地上部植株生长的作用。新栽幼树树盘覆膜覆草，有提高成活率的作用。在树盘下顺行铺园艺地布，是目前比较实用的技术，能够保墒、抑制杂草滋生，并且使用寿命较长。

6）间作法　幼龄梨树行间空地较多，合理间作其他作物，可充分利用土地和光照，增加早期经济效益。根据各地的经验和作物的生长特性，较为适宜的间作作物有花生、大豆、草莓等低秆作物。梨园间作以不影响梨树生长发育为前提，选择间作物应该注意：能提高土壤肥力、产量高、质量好、耗费少；植株矮小或匍匐生长、无攀缘性，不影响果树光照；作物生育期短，需肥、需水高峰期与梨树错开。

（二）梨园科学施肥

梨树生长发育需要较多的营养，合理施肥、及时补充养分可促进树体良好发育，有利于花芽分化，减少落花落果，克服大小年现象，提高果实品质，并延长梨树的经济寿命。

1. 梨需肥特点　梨树所需的矿质元素有氮、磷、钾、钙、镁、硫、铁、锌、硼、铜、锰等，其中氮、磷、钾为大量元素，其余为微量元素。氮磷钾所需比例一般为1∶0.5∶1，微量元素需求较少，但缺乏时易出现缺素症。任何一种元素都要适量供应，过多或过少会出现肥害或缺素症。例如，氮素供应过多时，枝条易徒长，树体过旺结果晚；磷肥过多时，会影响锌的吸收；缺铁时产生黄化病，缺锌时易产生小叶病。解决此类问题的最好方法是合理施肥，以有机肥料为主。有机肥料养分全面，能活化土中的微生物，有利于土壤中各种养分的分解矿化，稳定供给树体。

2. 梨树不同生长时期的需肥特点

1）幼树期　以营养生长为主，主要是树冠和根系发育，需氮量最多，并要适当补充钾肥和磷肥，以促进枝条成熟和安全越冬。

2）结果期　此期树冠和根系扩大相对稳定，果树大量结果，相对稳产高产，是梨树生命周期中需肥量最大的时期，要稳定树势和避免大小年结果现象，施肥要按照树势和计划产量确定施肥量。

3）衰老期　梨树生命周期的最后阶段，产量开始下降，新梢生长量少，内部枝条枯死。此期施肥促进营养生长，更新枝条，尽快恢复树势，应加大氮肥的施用量。

3. 需肥量 梨树的施肥量与土壤肥力、土壤理化性质、肥料种类、品种、树龄、树势、产量、田间管理水平、施肥方法、天气状况等因素有关。生产上只能按照一般情况的理论推算，再结合各因素的变化来调整确定施肥量。

平衡施肥法是确定施肥量较好的方法。理论施肥量计算公式为：

梨树施肥量 =（梨树吸收量 - 土壤自然供给量）/ 肥料利用率

为确定较为合理的施肥量，必须了解目标产量、植物生长量、肥料利用率和肥料成分含量等参数。

树体当年新生器官所需营养和器官质量的增加即为当年树体所需的营养总量。

梨树每生产 100 千克新根需氮 0.63 千克、磷 0.1 千克、钾 0.17 千克；每生产 100 千克新梢需氮 0.98 千克、磷 0.2 千克、钾 0.31 千克；每生产 100 千克鲜叶需氮 1.63 千克、磷 0.18 千克、钾 0.69 千克；每生产 100 千克果实需氮 0.2 ~ 0.45 千克、磷 0.2 ~ 0.32 千克、钾 0.28 ~ 0.4 千克。但要准确计算这一数据十分困难，生产中常用的施肥比例为 1：0.5：1。土壤天然供肥量一般氮按树体吸收量的 1/3 计，磷、钾按树体吸收量的 1/2 计；肥料利用率氮按 50% 计，磷按 30% 计，钾按 40% 计。最后除以肥料元素的有效含量百分比，即可得出每亩实际施入化肥的数量。

如，亩产 3 000 千克砀山酥梨果实需要氮 10.5 千克。土壤自然供给量为梨树吸收量的 1/3，则土壤自然供给量为 10.5 × 1/3=3.5 千克。氮素肥料利用率按 40% 计算，亩理论氮（纯氮）施肥量为（10.5 - 3.5）÷ 40%=17.5 千克。不同肥料的含氮量不同，如尿素含氮量为 46%，则实际尿素的使用量为 17.5 ÷ 46%=38.04 千克。磷、钾也可以用上述方法计算。理论施肥量应根据当地的实际数量和历史经验进行适当调整，以获得最佳施肥量。

4. 施肥技术 梨树的施肥要强调秋施基肥和生长季追肥。追肥要早、要及时，萌芽开花期、花芽分化期、果实膨大期为追肥关键期。

1）基肥

（1）施肥时期 基肥在梨采收后落叶前施入较好，对恢复树势、增加同化产物的积累、提高树体营养贮备都有显著的作用。此时又是根系生长第二高峰，能促进伤根愈合，并产生大量吸收新根。基肥应以有机肥为主，有机肥能显著地提高梨的产量和品质，配合加施磷、钾肥。

（2）施肥量 根据生产实践总结，基肥的施用量应占年肥料总量的 60% 以上，一般成年梨园亩产在 2 500 千克时，亩施腐熟农家肥 2 ~ 3 米³ 或者商品有机肥 1 吨左右，混入适量的速效氮肥效果更好。

（3）施肥方法　可采用开沟施肥、穴施或者全园撒施。

①开沟施肥。在果树主干附近开一道沟，将肥料放入沟内后覆土并镇压。根据不同的开沟形状，又分为环状沟施肥、条状沟施肥和放射状沟施肥。其作业机械为开沟施肥机。具有肥料吸收效果好、肥效快和节省肥料等优点。除此外开沟施肥还可以修剪树根，促进果树根系发育。

②穴施。在树冠垂直投影边缘的内外不同方向挖若干个坑，直径20～30厘米，深20～30厘米，再把肥料按实际需求注入所挖的穴中，使肥料布满根系附近，然后将施肥后的沟穴覆土掩埋。

③全园撒施。成年梨园或者密植园，根系遍布梨园，在梨主干树冠下及近外围撒施肥料，通过机械旋耕浅翻，效果较好。这种作业方法适合于根系布满整个地表的果园，肥料用量比较大，容易造成肥料浪费和环境污染。

2）追肥。追肥是在施足基肥的基础上，根据梨树各物候期的需肥特点补给肥料。由于基肥肥效发挥平稳而缓慢，当果树急需肥料时，必须及时追肥补充，才能既保证当年壮树、高产、优质，又为翌年的丰产奠定基础。

（1）追肥时期　一般梨树在年周期中需要进行3～4次追肥。

①花前追肥。以氮肥为主，因树体萌芽、开花、展叶、新梢生长等消耗大量的营养物质，主要依靠上年的贮藏营养，若氮肥供应不足，易导致大量落花落果，并影响营养生长。因此结果树在这个时期必须进行追施，以提供足够的养分，促进枝叶生长和花器官发育，提高开花质量。此时期对树势较弱的盛果期大树尤为重要。对幼旺树，可省去此次施肥。若上年秋施基肥充足，此时也可不施。若上年秋季没有施用基肥，可在早春时补施。

②花后追肥。又称坐果肥或者定果肥，此时正值幼果形成并迅速膨大、新梢旺盛生长、叶幕形成时期，需肥量较多，应及时补充速效氮、磷肥。如不及时补充则影响叶片生长，降低光合作用，使坐果率下降，幼果发育迟缓，严重时还会造成大量落果。

③果实膨大肥。这个时期新梢停止生长，花芽分化，果实迅速膨大。一般在5月中旬至6月下旬。应以全效性复合肥（氮、磷为主，配施钾肥）为主。此时追肥氮素不宜过多，因为高氮容易使新梢徒长，树冠郁闭，影响花芽形成和树体积蓄营养。因此，一定要加以防止。

④采前肥。果实采收前进行，以补给营养，保持树势，防治叶片早衰脱落，增进花芽质量，提高果实品质。此时施肥以钾、磷肥为主。根据树势调节，少施氮肥或不施氮肥。

（2）追肥方法 主要有土壤施肥和根外追肥两种方式。

①土壤施肥。土壤施肥有全园撒施、沟施、穴施。方法与秋施基肥相似，但沟施深度要浅，宽度要小，减少伤根。另外可以采用滴灌、喷灌等灌溉式施肥。灌溉式施肥是将肥料溶于水中，随灌溉施入土壤。这种施肥方式又称水肥一体化，供肥及时，均匀，不伤根，不破坏土壤结构，并且省工省力。

②根外追肥。根外追肥即叶面喷肥，在叶片停止生长至果实膨大期，结合喷施农药，混合施用可溶性肥料，一般浓度为 0.3% ~ 0.5%。方法简单易行，喷布均匀，肥效快，用量小，及时满足果树所需。但根外追肥代替不了土壤施肥，果树养分供应主要还是依靠根系吸收。叶面喷肥时间一般在晴朗无风天气的 10 时前或者 16 时以后。

5.缺素症诊断与防治

1）缺氮

（1）症状 一般取当年生春梢成熟叶片进行营养诊断分析，叶片含氮量低于 1.8% 为缺乏，2.3% ~ 2.7% 为适宜，大于 3.5% 为过剩。在生长期缺氮，叶呈黄绿色，老叶转为橙红色或紫色，落叶早，花芽不易形成，果实瘦小；长期缺氮，可引起树体衰弱，植株矮小。

（2）成因 土壤瘠薄，管理粗放。缺肥和杂草丛生的果园易缺氮，特别是沙质土上的果树，生长迅速时，易表现缺氮症状。

（3）防治 秋施基肥，增施有机肥配合施含氮的化肥，如尿素、磷酸二铵、高氮复合肥等，生长季可土施速效氮肥 2 ~ 3 次，也可对树冠进行叶面喷施 0.5% 左右的尿素溶液矫正。

2）缺磷

（1）症状 叶片全磷含量低于 0.1% 为缺乏，0.14% ~ 0.20% 为适宜。缺磷时，树势衰弱，根系发育迟缓，花芽分化不良。叶小而薄，枝条细弱，叶色呈紫红色，春季或夏季生长较快的枝叶几乎都呈紫红色。

（2）成因 土壤本身有效磷不足，在碱性土壤中，磷易被固定而降低有效性。

（3）防治 对碱性土壤进行土壤改良，在秋施基肥时，施过磷酸钙。展叶后，叶面喷施 0.1% ~ 0.5% 磷酸二氢钾。

3）缺钾

（1）症状　叶片全钾含量低于 0.7% 为缺乏，1.2% ~ 2.0% 为适宜。梨树缺钾初期，老叶叶尖、边缘褪绿，形成层活动受阻，新梢纤细，枝条生长很差，抗性减弱。缺钾中期，下部成熟叶片由叶尖、叶缘组件向内焦枯、呈深棕色或黑色灼伤状，整个叶子呈杯状卷曲或皱缩，果实呈不熟状态。缺钾严重时，所有成熟叶片叶缘焦枯，枝条长出的新叶边缘继续焦枯，直至整个植株死亡。

（2）成因　沙土地或有机质含量少的土壤易表现缺钾。土壤干旱，钾的移动性差；土壤渍水，根系活力低，钾吸收受阻；树体负载量过大，土壤钾供应不足；土壤钙、镁元素过多，造成植株缺钾现象。

（3）防治　采用土壤增施钾肥的方法。秋季增施有机肥如厩肥等。在果实膨大期及花芽分化期，追施硫酸钾、草木灰或氯化钾等化肥，或在生长季（5 ~ 9 月）叶面喷施 0.3% 磷酸二氢钾。

4）缺铁

（1）症状　梨树成熟叶片，铁含量低于 20 毫克 / 千克为缺乏，60 ~ 200 毫克 / 千克为适宜。缺铁时，往往从新梢顶部嫩叶开始，叶色淡绿变成黄色，仅叶脉保持绿色，叶片呈绿网纹状，较正常叶小，严重发生的整个叶片是黄白色，在叶缘形成焦枯坏死斑，顶芽枯死。发病新梢枝条细弱，节间延长，腋芽充实。梨树缺铁从幼苗到成龄的各个阶段都可发生。

（2）成因　碱性或盐碱性重的土壤，大量可溶性的二价铁被转化为不溶性的三价铁盐沉淀，铁不能被植株吸收利用。土壤排水不良的盐碱地容易表现缺铁症状。在磷肥使用过量或者土壤中有效锰、锌、铜含量过高时，也会表现缺铁症状。

（3）防治　加强果园的综合管理，增施有机肥，改良土壤，控制磷肥及石灰质肥料使用。盐碱地做好灌水洗盐工作。在休眠期梨树干注射 0.05% ~ 0.1% 硫酸亚铁溶液（pH 为 5.0 ~ 6.0）有一定效果。

5）缺钙

（1）症状　叶片全钙含量低于 0.8% 为缺乏，1.5% ~ 2.2% 为适宜。缺钙初期，幼嫩部位先表现生长停滞，新叶难抽出，嫩叶叶尖、叶缘粘连扭曲、畸形。严重缺钙时，顶芽枯萎、叶片出现斑点或坏死斑块，果实表面出现枯斑。缺钙果实容易出现苦痘病、裂果、软木栓病、果肉坏死、顶端黑腐以及贮藏期的虎皮病、鸡爪病等生理失调症。

西洋梨和库尔勒香梨会出现顶端黑腐。

（2）成因　酸性土壤中，钙易流失。有机肥施用量少或沙质土壤中有机质缺乏，土壤吸附保存钙素能力弱。

（3）防治　可在幼果期至采收叶面喷施 0.5% 氯化钙溶液或螯合态钙肥液进行防治。

6）缺镁

（1）症状　当年生枝条中部叶片全镁含量低于 0.13% 为缺乏，0.3% ~ 0.50% 为适宜。缺镁初期时，叶片中脉两侧脉间失绿，失绿部分由淡绿色变成黄绿色甚至紫红色，但叶脉、叶缘仍保持绿色。缺镁中后期，顶端新梢的叶片出现坏死斑点，甚至新梢基部叶片开始脱落。

（2）成因　土壤含镁量低或酸性土壤或含钠量高的盐碱土及草甸碱土或大量施用石灰。

（3）防治　可土施钙镁磷肥、硫酸镁等含镁肥料，亩施 40 ~ 50 千克。叶面喷 0.3% ~ 2% 硫酸镁、氯化镁或硝酸镁溶液，每年 3 ~ 5 次。

7）缺硼

（1）症状　梨树植株成熟叶片全硼含量低于 10 毫克 / 千克为缺乏，20 ~ 40 毫克 / 千克为适宜。缺硼时，顶芽呈簇叶多枝状，继而枯梢。花粉发育不良，坐果率低；果肉变褐、木栓化，组织坏死，果实表面凹凸不平（褐色凹斑），味苦。

（2）成因　耕层浅、质地粗的酸性土，强淋溶的沙质土是最常发生缺硼的土壤类型；干旱土壤水分亏缺，硼的移动和吸收受阻，易诱发缺硼；氮肥过量施用，容易引起氮和硼的比例失调，加重梨树缺硼。

（3）防治　改善土壤环境，培肥地力，增施有机肥，套种绿肥，提高土壤供硼能力；增施硼肥，一般采用土施或叶面喷施的方法。土施时，一般小树每株施硼砂 20 ~ 30 克，大树每株施 100 ~ 200 克。对于潜在缺硼和轻度缺硼的梨树，于萌芽前喷施浓度为 1%、盛花期喷施浓度为 0.1% ~ 0.2% 硼砂溶液或硼酸钠（钾）溶液，可有效防止缺硼症状的发生，并提高坐果率。于盛花期和落花后 20 天各喷 1 次硼砂或硼酸钠（钾）水溶液，效果也较好。

8）缺锌

（1）症状　梨树成熟叶片全锌含量低于 10 毫克 / 千克时为缺乏，20 ~ 50 毫克 / 千克时为适宜。缺锌表现为发芽晚，叶片狭小，叶绿向上或不伸展，叶呈黄绿色。新梢节间极短，顶端簇生小叶，俗称"小叶病"。病树不易坐果，或果实发育不良。

（2）成因　有机质含量低的贫瘠土和中性或偏碱性钙质土容易发生缺锌。长期过量施用磷酸盐肥料或者生产上灌水过多、伤根多、重茬地、重修剪等情况也易出现缺锌症状。

（3）防治　可采用土施或者叶面喷施以及树干注射含锌溶液等方法进行防治。可在发芽前喷 1% ~ 2% 硫酸锌溶液，发芽后喷 0.1% ~ 0.2% 硫酸锌溶液。成年梨树每株施用 0.5 千克锌螯合物。

9）缺锰

（1）症状　梨树植株叶片全锰含量低于 20 毫克 / 千克为缺锰，60 ~ 120 毫克 / 千克为适宜。缺锰初期，新叶表现失绿，失绿往往由叶缘开始发生。叶缘、叶脉间出现界限不明显的黄色斑点，但叶脉认为绿色，且多为暗绿。缺锰后期，树冠叶片症状表现普遍，新梢生长量减小，影响植株生长和结果。

（2）成因　耕作层浅、质地较粗的山地石砾土，淋溶强烈，有效锰供应不足，易发生缺锰现象；偏碱性土壤，由于 pH 高降低了锰的有效性，易出现缺锰症。

（3）防治　出现缺锰症状时，可整个树冠叶面喷施 0.3% 硫酸锰溶液，10 天左右喷 1 次，连喷 3 ~ 4 次。进行土壤施锰，应在土壤含锰量极少的情况下施用，可将硫酸锰混合在有机肥施于根际。

（三）水肥一体化技术

水肥一体化也称灌溉施肥或"水肥耦合"，是借助水肥一体化设备发展的一项新技术。其工艺流程为：肥料—溶解—加压—输送—灌溉。水肥一体化设备的压力系统将可溶性固体肥料或液体肥料按要求配成肥液，加压后可与灌溉水一起通过管道系统输送至果树根部，可根据传感器和智能控制系统实现施肥精量可控、定时定量浸润根系分布区域。

目前常见的水肥一体化有喷灌、微灌两种形式，其具有肥料精准输送、水肥同施、精准施肥、节肥节水、智能可控等优点。

1. 水肥一体化设备　水肥一体化设备可将水和肥料溶解后通过输水管道运送至果树主干附近，由滴头或喷头缓慢地将水肥释放，浸湿根系附近土壤。该项技术的优点是水肥同施，肥效快，养分利用率高，可以避免肥料施在较干的土中造成的挥发损失和溶解肥效慢的问题，既节约肥料又减少环境污染，同时省工省时。

1）水肥一体化设备分类 目前市场上水肥一体化设备有重力自压式施肥机、泵吸入式施肥机、压差式施肥罐、文丘里注入器、活塞式施肥器以及全自动灌溉施肥机。

（1）重力自压式施肥机 应用重力滴灌或微喷灌的场合，可以采用重力自压式施肥法。重力自压式施肥机示意图见图5-1。在丘陵山地果园，通常引用高处的山泉水或将山脚水源泵至高处的蓄水池。通常在水池旁边高于水池液面处建设一个敞口式混肥池，方便搅拌溶解肥料即可。池底安装肥液流出的管道，出口处安装PVC球阀，此管道与蓄水池出水管连接。池内用20～30厘米长的大管径水管（如75毫米或90毫米PVC管）。管入口用100～120目尼龙网包扎。为扩大肥料的过流面积，通常在管上钻一系列的孔，用尼龙网包扎。适合山地果园。非常利于做到水肥结合，施肥简单方便，施肥浓度均匀，果农易于接受。费用投入小。

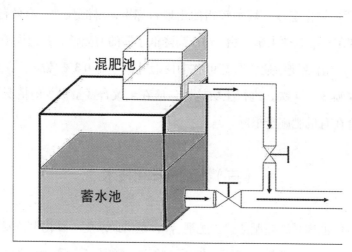

图5-1 重力自压式施肥机示意图

（2）泵吸入式施肥机 利用水泵作为动力，直接把肥液吸入管道的方式。一种是利用灌溉泵同时吸水和吸肥，只需增加阀门和管件即可；另一种是有单独的吸肥泵。配置桶或肥料池用于溶解肥料。

（3）压差式施肥罐 压差式施肥罐一般由贮液罐、进水管、供肥液管、调压阀等组成。其工作原理是在输水管上的两点形成压力差，并利用这个压力差将化学药剂注入系统管道。贮液罐为承压容器，承受与管道相同的压力。优点是加工制造简单，造价较低，不需外加动力设备。缺点是溶液浓度变化大，无法控制。罐体容积有限，添加液剂次数频繁且较麻烦。

（4）文丘里注入器 文丘里注入器（图5-2）与储液箱配套组成一套施肥装置，其构造简单，造价低廉，使用方便，主要适用于小型灌溉系统向管道中注入肥料或农药。优点是设备成本低，维护费用低；施肥过程可维持均一的肥液浓度，无须外部动力；设备重量轻，便于移动和用于自动化系统，肥料罐为敞开环境，便于观察施肥进程。缺点是施肥时系统有压力损失，为补偿水头损失，系统中要求较高的压力；施肥过程中的压力波动变化大；为使系统获得稳定的压力，需配备增压泵；不能直接使用固体肥料，需把固体肥料溶解后施用。

图5-2 文丘里注入器

（5）活塞式施肥器 活塞式施肥器（图5-3）是目前国际上较先进的一种，将进出水口串联在供水管路中，当水流通过施肥器时，驱动主活塞，与之相连的注入器跟随上下运动，从而吸入肥液并注入混合室，混合液直接进入出口端管路中。优点是注入比例由外部调整并很精确，有多种规格选用，混合液直接经出水口注出，内设滤网自行过滤，工作压力低，运转噪声小。缺点是价格高。

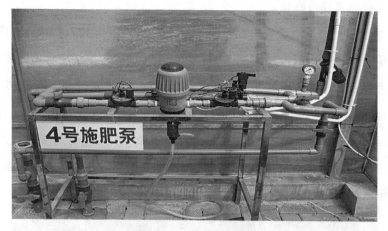

图5-3 活塞式施肥器

（6）全自动灌溉施肥机 是设计独特、结构精巧、操作简单和模块化的自动灌溉及施肥控制的成套设备（图5-4）。在控制器控制下，通过一组文丘里注入器准确地把肥料养分注入灌溉主管网中。

图5-4 全自动灌溉施肥机

2）施肥器选择 选择施肥器要考虑灌溉区面积、设备性价比等因素。压差式施肥罐虽然制造简单、价格低廉，但溶液浓度变化大、无法控制、罐体容积有限、添加化肥次数频繁，不被果农认可。200亩左右的果园，建议用注肥泵，操作方便，轻松掌握施肥时间和施肥量。大棚及小面积果园选用文丘里施肥器，造价低，便于安装。

根据地形选择普通滴头或压力补偿滴头。普通滴头的流量是与压力成正比的，通常只能在平地上使用。压力补偿滴头在一定的压力变化范围内可以保持均匀的恒定流量。地形起伏高差大于 3 米时，应使用压力补偿式滴头，可以避免出现高处水少，低处水多的问题。

过滤器是滴灌成功的先决条件，作用是防堵塞。常用的过滤器有：沙石分离器、介质过滤器、网式过滤器和叠片过滤器，前两者做初级过滤用，后两者做二级过滤用。滤器有很多规格，选择什么过滤器及其组合主要由水质决定。

3）输水管道　输水管道（图 5-5）一般用高压低密度 PE 管和低压高密度 PE 管制成。高压低密度 PE 管为半软管，管壁较厚，对地形适应性强；低压高密度 PE 管为硬管，管壁较薄，对地形适应性不如前者。

图 5-5　输水管道和滴灌带

2. 水肥一体化施肥注意事项　采用水肥一体化设备施肥，应根据作物生育期选择不同配方的专用肥料。

少量多次和养分平衡原则。少量多次目的是施肥符合根系不间断吸收养分的特点，减少一次性大量施肥造成的淋溶损失。每次水溶肥料用量在 3 ~ 6 千克 / 亩。一般在滴灌施肥条件下，根系生长密集、量大，这时对土壤的养分供应依赖性减小，更多依赖于通过滴灌提供的养分。对养分的合理比例和浓度有更高的要求，必须注重养分平衡。

（四）梨园机械化设备

随着果园规模化种植模式在我国的推广、劳动力成本的上升和劳动用工短缺问题的日益加剧，果园机械化生产需求日益迫切。目前，美、日、韩和巴西等国果园机械研究起步较早，在种植、除草、剪枝和采收等诸多作业环节上都已经配备了效果较好的机械，基本实现了果园的全程机械化。而我国的果园机械化水平较低，大部分的作业环节还主要以采用人工作业为主，仅有少数规模大些的果园在部分生产环节配备了一些半机械化的辅助机械，作业效率较低，不适宜果园生产机械化的快速发展。现果园生产环节常用的机械设备有以下几种。

1. 开沟机械　链式开沟机主要由动力系统、减速系统、链条传动系统和分土系统组成（图5-6）。链条式开沟机可实现所挖沟槽深浅一致，宽度均匀且尺寸可调，大大提高了挖掘质量和效率。

图5-6　链式开沟机

　　链式开沟机是目前适应性强、性能稳定可靠的机型，它具有整车短小精悍、灵活方便的特点，开沟宽度和深度适用范围大，与具备超低速挡（爬行挡）的拖拉机（如大棚王拖拉机）配套使用，并且结构简单、造价低廉、使用拆装方便，开沟质量好、效率高，并具有开沟、碎垡、均匀排土一次完成的特点，适宜各种果园等旱地进行田间开挖排水沟、施肥沟等作业。在现代标准化果园中应用，进行开沟施肥作业，可显著提高作业效率和经济效益。

2. 喷药机械　喷药机械是果树生长期间比较重要的机械。用于梨园施药作业的植保机械主要有背负式手动喷雾器、机动喷雾机和果园风送式喷雾机。机动喷雾机、风送式喷雾机作为比较常用的喷药机型，在果园和园林病虫害防治上使用较多。

　　按照行走方式，果园风送式喷雾机主要有牵引风送式喷雾机（图5-7）、悬挂式果树喷药机和自走风送式喷雾机（图5-8）等。目前我国的果园喷药机主要以中小型的牵引式动力输出轴驱动型喷药机为主。不论购买或使用哪种机具，在施药前，应将施药机具装上不含农药的清水进行试喷，检查各运动部件是否灵活，雾流是否均匀，有无"跑、冒、滴、漏"现象。发现问题，应及时维修、校正。

图5-7　牵引风送式喷雾机　　　　图5-8　自走风送式喷雾机

3.果园修剪机械　目前，我国果树修剪仍多采用手工操作，缺乏高效率机械设备。与施肥、喷药和灌溉作业环节相比，修剪与采收环节所占的劳动力成本比例更高。目前冬季修剪，锂电池电动修枝剪（图5-9）应用比较多，无线束缚，易操控，整体质量较轻便，适合小果园代替手剪。

图5-9　锂电池电动修枝剪

4.果园多功能作业平台　目前我国果园树体管理，如修剪、授粉、疏花疏果、套袋、采摘等作业主要还是以地面或借助简易梯子手工作业为主，可用机械设备少，作业效率低。果园树体管理季节性强和劳动密集的作业环节存在的高空操作不便、劳动强度大等问题日益突显。国家梨产业技术体系树体管理机械化岗位与桑普农机有限公司针对我国梨树果园种植模式与特点，合作开发了3GYP-300果园多功能作业平台（图5-10），可用于辅助果树修剪、授粉、疏花疏果、果实套袋和采摘的高处作业以及物品运送，主要由操作台、作业平台、动力装置、行走装置、升降装置、液压系统、机架等组成。动力装置为铅酸蓄电池或锂电池（可选用），行走装置采用电机驱动橡胶履带，采用差速转向，可实现原地360°转向，机动灵活，转向空间小，在田间具有良好的通过性。操作台和作业平台升降装置采用剪叉升降机构，剪叉式升降机构下部安装在底盘上，上部安装操作台和作业平台。液压油缸推杆驱使剪叉臂架机构运动，从而使操作台和作业平台完成上升、下降、翻斗运动。在上升过程中操作台和作业平台能够稳定升高，在下降状态能确保操作台和作业平台运行平稳、冲击小。为预防工作人员和所载物品掉落，在操作平台设置1.2米防护栏，在作业平台安装0.8米高防护栏。

图 5-10　3GYP-300 果园多功能作业平台

工作时，操作人员可在操作平台控制盒上执行机器的启动、行走、转向、升降、翻斗、熄火等作业，也可远程遥控各项作业。操作人员可将平台调到适合自己的最佳位置和高度进行树体管理作业。作业平台具有称重功能，可对负载物品计重显示，操作平台配置动力源，可为修剪、授粉等电控设备提供动力。该机平台升降范围0.55 ～ 1.25米，最大负载300千克，行走适应坡度低于25°，最大行驶速度3千米/小时。

5. 枝条粉碎机　枝条粉碎机的出现使得果树枝条能源化处理、果园节本增效、资源有效利用成为现实（图5-11）。经粉碎和处理后的树枝可作为有机肥、养殖发酵床基质、食用菌基质、中高密度建筑材料、生物质新能源（如沼气、无烟清洁木炭）等的主要原料。

图5-11 枝条粉碎机

6. 除草机械

1）秸秆切碎还田机 秸秆切碎还田机是用于玉米、小麦、高粱等作物秸秆粉碎的机械，可由22千瓦以上拖拉机悬挂驱动作业，工作幅宽为1 100毫米（图5-12）机具作业时，拖拉机后输出轴经万向节将动力传递给还田机，还田机利用齿轮变速、三角带传动，带动筒轴刀具高速旋转以切碎秸秆并抛撒田间。采用还田机进行果园行间割草，具有割茬可调、作业效率高等优点，根据需要，调整留茬高度，有利于草的恢复生长，以获得较多的生物产量。

图5-12 秸秆切碎还田机

2）割草机　割草机是由刀盘、发动机、行走轮、行走机构、刀片、扶手、控制部分组成。刀盘装在行走轮上，刀盘上装有发动机，发动机的输出轴上装有切割盘，切割部件利用发动机的高速旋转，割草速度提高很多，节省了作业时间，减少了大量的人力资源。市场上割草机类型较多（图5-13至图5-16），可根据园区自身的需求购买。

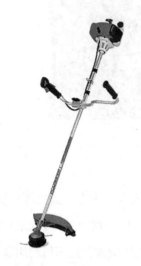

图5-13　人力挂式割草机

图5-14　推车式割草机

图5-15　动力悬挂旋转式割草机

图5-16　乘坐式转盘割草机

六、优质梨标准化生产栽培技术

（一）梨树栽培模式及整形修剪技术

1. 梨树宽行密植——省力密植模式及整形修剪技术

1）树形结构　采用圆柱形树形（图 6-1），刻芽是可以显著改变梨自然发枝特性的关键技术。多位刻芽后，枝条不仅能在中心干上均匀分布，而且树冠下部出现了比较理想的中长枝，可明显改变梨树因自然发枝导致两极分化严重的现象，有效控制了结果部位上移或外移。这种模式实现了成形早、结果早、丰产早的"三早"生产效果，较常规生产园提早 1 ～ 2 年结果，提早 3 ～ 4 年进入盛果期。这种栽培模式，可节省生产成本 60.5% ～ 76.3%，是当前生产上最受欢迎的一种新模式。

图 6-1　圆柱形树形

细长圆柱形结构：主干高 60 厘米左右，株高 3 米，树冠圆柱形，中心干强壮直立，上面均匀分布 18 ～ 22 个单轴延伸的中大结果枝组，主枝长度 1.0 米以内，主枝基角 70°～ 90°。

对根系特别发达、嫁接口以上 5 厘米处直径在 1.2 厘米以上、高度在 2.0 米左右的粗壮苗木可在 1.8 米处轻短截，然后进行刻芽，并套宽度为 6 厘米左右的塑料筒保湿；新梢长到 3 厘米左右时，在 17 时后剪小口放风，2 ～ 3 天后，可于 16 时后或阴天将塑料筒去掉。在 7 月前施肥灌水 2 ～ 3 次。

针对多数苗木质量比较差，苗木根系侧根少、高度不够（图 6-2），栽植当年刻芽难以整形的实际情况，可采用当年定干后新梢管理（图 6-3）。

图 6-2　苗木质量差　　　　　　　　　　图 6-3　当年定干后新梢管理

2）整形修剪技术

（1）第一年整形修剪技术　低定干，留单枝促旺长：针对梨苗木根系质量较差的现状，当年应采用低定干（30 ～ 40 厘米）、留单枝、足肥水促苗旺长的技术，确保当年高度达到 2.3 米左右，为翌年刻芽后发 25 ～ 30 个枝奠定基础。

定干后，留 2 个新梢，其中一个旺的作为主梢用于培养树干让其迅速旺长，另一个副梢长到 20 厘米时摘心控长，可以在前期养根，同时作为主梢受损后的预备梢；到 5 月中下旬，主梢长到 1 米以上时将副梢剪除。当主梢长到 25 ～ 30 厘米时，开始追施尿素等肥料，以后每隔 20 天左右施 1 次，直到树高达到 2.5 米以上，后期适当追磷肥促新梢成熟。最好采用滴灌或膜下微喷带等肥水一体化技术，高效、省工、方便。当年在 5 月中下旬要喷药预防梨锈壁虱危害顶梢。

第一年冬季，对高度在 1.5 米以下的弱树，距地面 30 ～ 40 厘米平茬，生长季管理同第一年。平茬后 1 年可长 3 米左右，刻芽后当年可形成 33 ～ 40 个枝并形成花芽（图 6-4）。

图 6-4　刻芽后当年形成 33 ～ 40 个枝并形成花芽

（2）第二年整形修剪技术　对于第一年苗木生长高度在 2.5 米左右、直径在 1.2 厘米以上，第二年必须采取刻芽措施，才能达到整形所需要的 25 ～ 30 个中长枝。幼树芽萌动前后 7 天内，从地面上 50 厘米以上至距顶端 30 厘米以下的所有芽进行刻芽；用刀（壁纸刀）在芽尖上围绕枝条在皮层刻大半圈，深至木质部。

第二年控冠促花、防止二次生长关键技术：停肥控水、适时喷施多效唑。针对河南省存在高温、高湿的气候条件，刻芽后新梢旺长且难成花，新梢停长后易二次萌发，且萌发后新梢直立生长的问题，农业专家研究出了刻芽当年通过控制肥水供应控制旺长的技术，当年刻芽后发芽情况见图 6-5。

图 6-5　当年刻芽后发芽情况

在春天萌芽前根据土壤条件适当追施以氮为主的复合肥；在即将萌芽时刻芽促进发枝；当新梢长到25～30厘米时用牙签撑枝（图6-6），并喷施500～1000毫克/千克的多效唑，旺树或雨水多的地方可以15～20天再喷1次。当年可达到如下效果：发枝25～30个，每个枝长度控制在40厘米左右，且角度开张（60°～70°），基本不用拉枝，每个枝成花在4.8～11.4个，为第三年亩产1000～1500千克奠定基础。

图6-6　牙签撑枝

注意：第二年不能套种需肥水过大或过高的作物。

对当年已二次萌发生长的新梢控制关键技术：对侧生新梢已二次萌发的树，可立即喷1000毫克/千克的多效唑，可对二次新梢生长起到明显的控制作用（图6-7）。

图6-7　喷多效唑后控旺效果

第二年冬季修剪：疏除中间过密的枝、并生的枝，以及顶端过大过粗的枝条，尽量多保留枝条结果，管理好的果园第三年亩产可达 1 500 ～ 2 500 千克（图 6-8）。

图 6-8　第二年冬季修剪

（3）第三年整形修剪技术　对当年生长高度未到 3 米左右的树，可于第三年春天萌芽时对中央领导干上的芽继续刻芽促发新梢，当年成花成枝情况见图 6-9。

图 6-9　中央领导干上刻芽当年成枝成花情况

正常的树根据树体大小适当多结果，以果压冠；过大的结果枝组增加留果量。对不结果或结果少的树控制肥水，结合喷施生长抑制剂；控制背上旺梢。冬季，疏除顶端竞争枝、背上枝、直径超过主干 1/3 的小枝组与过密的小枝组；高度在 3 米以上的树，可选枝头下部较弱的一年生直立枝作为顶端带头枝，替换原头，并将上面强带头旺枝疏去。第三年结果情况见图 6-10，第三年冬剪情况见图 6-11。

图6-10 第三年结果情况

图6-11 第三年冬剪情况

（4）第四年及以后整形修剪技术 第四年及以后丰产期：生长季注意控制背上枝，通过疏除过多的新梢控制较粗的结果枝组，保持枝组下大上小均衡生长；对过高的树，可于10月在顶端下面有适当分枝处将上面落头剪去；冬季，疏除顶端竞争枝、背上枝、直径超过主干1/3的小枝组与过密的小枝组，保持好营养生长与生殖生长的平衡关系，稳定结果枝组与中央领导干的从属关系；第四年及以后均以弱枝作为主干顶端带头枝，最终将结果枝组控制在 24 ~ 26 个（图 6-12）。

图 6-12　第四年及以后整形修剪

2.“Y”形树形及整形修剪技术

1）“Y”形树形结构　主干高 50 ~ 100 厘米，主枝 2 个，两主枝夹角为 180°，主枝基角 40° ~ 50°，主枝上不配备侧枝，每个主枝上两侧每隔 40 厘米左右培养 1 个结果枝组，结果枝组与主枝呈 80° ~ 90° 角；结果枝组每 3 ~ 4 年更新一次（图 6-13）。

图 6-13　“Y”形树形

2）整形修剪技术

（1）第一年整形修剪技术　定干后对剪口下第二至第五个饱满芽刻芽。剪口下第一个芽作为牺牲芽，发出的新梢控制其旺长；5 月中旬选留顶端新梢下面两个长势相对一致，垂直于行向（双臂顺行式两主枝与行向平行）的健壮新梢作为主枝培养，对其他新梢适当摘心控制旺长，两个主枝相对呈 180°。可用竹竿将两个新梢按规定角度固定好，新梢顶端最好再用两根竹竿分别绑缚，使新梢直立向上迅速生长（图 6-14）。7 月以后或第二年春天引绑至铁丝网格上，枝条基角保持 40° ~ 50°。

冬季修剪时，对主枝延长头留饱满芽剪去 1/4 ~ 1/3，并抬高角度至 40° ~ 50°，保证主枝延长头旺盛生长。

图6-14　新梢用竹竿绑缚情况

（2）第二年整形修剪技术　以培养骨干枝为主。生长季对剪口下方其他的旺枝要进行连续摘心。同时，将主枝上直立枝疏除。萌芽前在主枝上每隔35～40厘米选择背下侧的芽进行刻芽，促生新梢培养结果枝组。在主干上留1～2个中庸枝作为临时结果枝组引诱上架进行培养。萌芽期及时抹去主枝背上、背下及两侧多余的新梢；主枝超过棚面时要引缚在棚架上，并尽可能放平固定（图6-15）。

冬剪时，对主枝延长头留2/3左右短截，即主枝延长头继续留壮芽短截，并抬高角度保证主枝延长头旺盛生长；对临时结果枝在顶端适当短截后绑束在架面上使其结果。

图6-15　第二年冬季修剪

（3）第三年整形修剪技术　主要利用临时性结果枝、结果枝组及主枝上的短枝结果；主枝上继续刻芽培养结果枝组，抹除背上及大剪锯口附近的芽；7月对着生在主枝上准备作为结果枝组的新梢进行拉枝至50°左右；控制临时性结果枝（辅养枝）上新梢数量，防止其增粗过快（图6-16至图6-18）。

图6-16　第三年春天开花状

图6-17　刻芽促发枝与抹芽

图6-18　第三年主枝及辅养枝上结果状

冬季修剪时，继续短截架面上的主枝，并抬高延长头角度，继续在主枝上培养结果枝组，保证快速布满架面；疏除背上的直立枝；对临时结果枝根据空间大小决定去或留，但要控制其粗度。始终保持主枝顶端的生长优势和与结果枝的从属关系；疏除过密的竞争枝；棚架树体结构，由起初的漏斗式过渡到后期的平面式的结构。架面上过旺枝适时摘心、过密枝疏除，将结果枝组均匀地绑缚于架面上。架面新梢控制在每平方米3～4个。1米长结果枝，留6～8个短果枝。

（4）第四年整形修剪技术　第四年同时利用临时性结果枝、结果枝组结果；其他夏季管理同第三年。冬季修剪时，主枝与结果枝组修剪方法同去年冬季，对临时性结果枝，特别是主干上或主枝基部的要及时去除，防止影响主枝向前延伸，同时，使结果部位主要在架面上（图6-19）。

图6-19　冬剪后及结果情况

（5）第五年及以后整形修剪技术　第五年及以后盛果期：春天及时抹除结果枝背上的芽，主枝背上的芽可适当保留，对后期结果枝组上的直立新梢可适当保留，以增加叶面积，7～9月要通过拉枝或短截控制其高度与粗度；培养结果枝组的更新枝。

彻底疏除临时结果枝组与架面下的结果枝组；保持好营养生长与生殖生长的平衡关系，开始培养结果枝组的更新枝，稳定结果枝组与主枝的从属关系，延长结果年限。当两行树主枝头快交接时，每年对主枝延长头留基部几个芽重短截，保证延长头既旺盛生长，又不过快延伸（图6-20，图6-21）。

图6-20　盛果期树形及开花状

图6-21　盛果期结果状

（6）衰老期　适当重剪，及时利用主枝上的萌芽培养结果枝组，促进下部萌发新枝，更新结果枝组，从而达到树老枝不老，使其多结果、结好果，延长经济寿命（图6-22）。

图6-22　衰老期整形修剪

3.单臂龙干形模式及整形修剪技术

1)树形结构 定干高度 100～120 厘米,主干高 120～140 厘米,主枝 1 个,朝一个方向生长;主枝基角 40°～50°,主枝上不配备侧枝,每个主枝上两侧每隔 40 厘米左右培养 1 个结果枝组,结果枝组与主枝呈 80°～90° 角;结果枝组每 3～4 年更新一次(图 6-23)。

图 6-23 单臂龙干形树形结构

2)整形修剪技术

(1)第一年整形修剪技术 定干后对剪口下留 1 个新梢让其直立健壮生长,其余新梢摘心或曲枝(图 6-24);当年加强肥水管理,使直立新梢高度达 3 米左右;第二年春天引绑至铁丝网格上,枝条基角保持 40°～50°。

图6-24 下部曲枝

（2）第二年和第三年整形修剪技术

①第二年。按一个主枝进行整形修剪，其他与两主枝"Y"形同。春天萌芽期，对主枝长度达到前面一株树上方时，可将主枝前端与前一株树主枝的基部嫁接连在一起，也可不嫁接，但每个主枝延长头都要抬高角度（图6-25）。

图6-25 第二年整形修剪后树形结构

②第三年。冬剪时，对有主枝延长头的留2/3左右继续留壮芽短截，并抬高角度保证主枝延长头旺盛生长；主枝上继续刻芽、抹芽培养结果枝组；7月对着生在主枝上准备作为结果枝组的新梢进行拉枝至50°左右。不留临时性结果枝。春天萌芽期，

对没有连在一起的树继续进行嫁接。

（3）第四年和第五年及以后整形修剪技术

①第四年。冬剪时，对有主枝延长头的留2/3左右继续留壮芽短截，并抬高角度保证主枝延长头旺盛生长；主枝上继续刻芽、抹芽培养结果枝组；7月对着生在主枝上准备作为结果枝组的新梢进行拉枝至50°左右。不留临时性结果枝。春天萌芽期，对没有连在一起的树继续进行嫁接。

②第五年及以后。每年重短截架面上最前面一株树的主枝延长头；对结果枝组每3～4年更新一次。

（二）梨树花果管理技术

1. 保花保果技术 成熟的花粉通过媒介落到雌蕊柱头上的过程称为授粉。绝大多数梨品种是自交不亲和，需要配置授粉树。授粉树配置不当，蜜蜂等昆虫活动少，或者花期遇到不良气候条件，如遇到大风、阴雨、低温、霜冻等，会导致坐果率低，从而造成减产。人工辅助授粉是促进梨果实膨大、端正果形的一项重要技术措施，经过人工辅助授粉后所结的果实，种子发育充分，分布均匀，从而有利于果实均匀膨大、果形端正；同时，大量的花粉还会刺激幼果产生生长类激素，促进果实的发育膨大，提高单果重。该技术也是抵御花期不良天气的一项抗灾措施。

1）制备花粉

（1）采花朵 授粉之前采集花粉，花粉最好取自适宜的授粉品种，也可以应用多个品种的混合花粉。当授粉品种处于初花期时，采集处于含苞待放的大铃铛期花苞（图6-26）。采花过早，花粉粒不充实，发芽率低；采花过晚，花朵开放，花药已散粉。采花时总体原则是：花多的树多采，花少的树少采；树冠外围多采，中部和内膛少采。

图6-26　大铃铛期花苞

（2）取花药　花粉用量少时可用人工取花药，方法是将采集的花朵，剥去花瓣，用牙刷刷下花药，或两手各拿一朵花，花心相对进行对搓，然后清除花瓣和花丝，获得花药。生产上需要大量花粉时，应采用专用的采粉机处理花朵来采集花粉，以提高效率。

（3）花粉干燥与保存

①暖房干燥法。简易暖房要求干燥，通风，室温保持在 20 ～ 25℃，最高不超过 28℃，空气相对湿度为 50% ～ 70%。将制成的花药摊放在纸上，摊得越薄越好，一般 24 ～ 48 小时花药即开裂，散出黄色花粉。升温措施可就地取材，如采用火炉或电暖器升温等。

②灯泡干燥法。将花药摊放于纸上，用 250 瓦的电灯泡升温，花药表面温度控制在 22 ～ 25℃，约需一天时间散出花粉。注意灯泡不能太靠近花药，以免温度过高杀死花粉。

利用以上方法获得的花粉收集好后，置于干净的广口瓶内备用。花粉最好是现采现用，备用的花粉最好在阴凉干燥处临时存放。有条件的可将花粉装入密闭干燥的容器内，再放到冰箱的冷藏室（2 ～ 8℃）或低温冷库内（0℃以上）保存，以确保发芽率。如果时间紧，来不及制备花粉时，可从市场上购买制备好的商品花粉，但要检测其发芽率，以确保完成授粉。

（4）花粉用量　授粉所需采集鲜花数量与品种出粉量、授粉面积有关。一般1千克鲜花（4 000～5 000朵）可采鲜花药70～100克，干燥后可出带花药壁的干花粉20～30克。带花药壁的干花粉过筛后可获得纯花粉，一般4～6克带花药壁的干花粉可获得1克纯花粉。生产经验表明，20克左右带花药壁的干花粉可供生产3 000～4 000千克梨果的花朵授粉。实际应用时，可根据这一数字与品种出粉量，决定采花数量。

2）授粉时期　单个花当天开花当天授粉坐果率最高，可达95%以上；开花第二至第三天授粉坐果率较高，可达80%左右；开花第四至第五天授粉坐果率在50%左右。整个园区而言，盛花初期，即25%的花已开放时（图6-27），开始人工辅助授粉，应在2～3天完成授粉工作。

图6-27　花开25%

授粉受精的适宜温度在24℃左右，花粉萌发要求在10℃以上，花粉管在24℃伸长最快。授粉2～3小时，花粉萌发就可以进入柱头。梨花粉管到达子房的时间一般为3～5天。梨开花期白天气温一般在15～20℃，低于10℃授粉效果最差；大于30℃时，柱头枯焦，授粉无效。因此，授粉时间可在8时露水已干至17时均可，9～10时最佳。授粉2小时以内如遇大雨，最好在雨后重授；3小时以后遇雨，可不重授。

3）人工授粉技术

（1）人工点授　点授工具可选用铅笔的橡皮头、纸棒、毛笔、棉签等。人工点授时把蘸有花粉的工具向花的柱头上轻轻擦一下即可，每蘸一次，一般可点授5～10朵花序（图6-28）。同一花序内选择先开放的边花点授；花量大的树，每花序只点授1～2朵花，花量小的每花序点授2～3朵花，如遇到连续低温阴雨的天气时，全部点授。按留果标准、树龄大小，全树授粉100～300朵花。为便于分辨是否授粉，可添加食用色素胭脂红做标记，减少重复授粉。

图6-28　人工点授

（2）液体授粉　液体授粉优点是速度快，节省人工。其配方为100千克水、13千克白糖（缓冲剂和营养）、50克硝酸钙（信号物质）、10克硼酸（花粉管伸长）、20克黄原胶（花粉均匀分布）、40～80克纯花粉。

液体授粉营养液的配制：水沸腾之后，先将黄原胶从手指缝中慢慢往沸水中加入，一边加一边搅拌。充分搅拌溶解后再冷却至室温，过滤后倒入大容器中，再依次加入蔗糖、硝酸钙和硼酸搅拌，使其充分溶解。用500毫升左右的矿泉水瓶加入2/3上述混合液，往瓶中加入花粉，摇匀，至花粉均匀分散，之后倒入大容器中迅速搅拌，使花粉在溶液中分散均匀。配好的溶液用喷雾器对花喷授。花粉溶液现用现配，应在 2 小时内用完。过于高大的树，可通过打药机系统进行液体授粉，注意盛花粉的桶不能用打过农药的，要用专用的桶（图 6-29 至图 6-33）。

图 6-29　在沸水中溶解黄原胶

图 6-30　过滤后倒入容器（刘永杰供图）

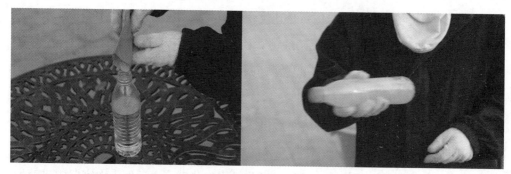

图 6-31　加花粉后摇匀（刘永杰供图）

图 6-32　棚架梨树液体授粉

图 6-33　大冠梨树液体授粉

（3）干粉授粉　可以用花粉与填充剂（如干淀粉）按照 1：（20～50）混合，用专用喷粉机进行喷粉。该法功效高，授粉效果好，但花粉用量大，成本高。

4）昆虫传粉　壁蜂具有活动时间早、耐低温、繁殖率高、访花速度快、授粉效果好、不用饲喂、管理方便等特点，即使在雨天等恶劣天气也能出巢授粉。借助壁蜂的传粉活动来完成梨树授粉，其效果与人工授粉相当，而且节省人工。

放蜂时间根据花期而定，一般在花开前 2～3 天（5% 铃铛花期）投放蜂茧，傍晚进行，次日即可开始出蜂。一般盛果期果园每亩放蜂 200～250 头，盛果初期果园每亩放蜂 100～150 头。开始放蜂的果园，每 30～40 米设 1 个蜂巢，翌年蜂量增多后再每隔 40～50 米设 1 个蜂巢。放蜂前 10～15 天喷一次杀虫剂和杀菌剂，放蜂期间严禁使用任何化学药剂，以防杀伤壁蜂。

2. 疏花疏果技术　疏花疏果是指去掉过多的花或果实，使树体保持合理负载量的一种栽培技术。梨树是高产果树，在授粉良好的情况下，多数梨品种坐果率较高，容易坐果过多。但坐果过多，会造成果实品质下降，劣质果多，果实商品性降低，效益反而不好。通过疏花疏果，不仅可以集中养分，保证留下的花果发育成优质果，还可以减少花果对花芽分化的抑制作用，形成足够花芽满足第二年结果所需，克服大小年现象，保证连年丰产。

1）合理负载量确定　在一定负载量范围内，产量与负载量成正相关。但负载量过大，单果重就会明显下降，产量增加也不明显，有时产量反而会下降。合理负载量的确定，受品种、树龄、树势、栽培密度和气候条件等多种因素影响。经多年的研究探索和生产实践，提出了一些确定负载量的指标依据，如干周及干截面积法、叶果比法、果台间距法、百枝留果量法和果实间距法等。

目前，生产上广泛采用果实间距法，即根据果型的大小确定负载量，疏除多余的花果。一般大型和中型果品种每个花序留单果，大型果品种果实间距25～30厘米，中型果品种果实间距20～25厘米，小型果品种果实间距15～20厘米。高标准梨生产果实间距可适当放宽。

2）疏花蕾　冬季修剪偏轻导致花量过多时，蕾期进行疏蕾，疏蕾时应去弱留强，去小留大，去下留上，去密留稀。疏花蕾或花序标准一般按大、中、小型果的果实间距左右保留一个，其余全部疏除。疏蕾的最佳时间在花蕾分离前，花柄短而脆，用手指轻轻弹压花蕾将其弹落，此时，既起到疏花作用，又不至于损失叶面积。疏花蕾后果台长出的果台副梢当年形成花芽，从而"以花换花"。

3）疏花　来不及疏蕾时，可以按照上述疏花蕾的原则进行疏花。疏去衰弱和病虫危害的花序及坐果后果实易与枝叶摩擦的花序，然后按预留果数，疏去过密的整个花序。留花力求分布均匀，内膛、外围可少留，树冠中部应多留；叶多而大的壮枝多留，弱枝少留；光照良好的区域多留，阴暗部位少留。

4）疏果　疏果一般在落花15天左右，此时未授粉的花落掉。早熟品种和花量过大的梨园，要适当提前疏果，以减少树体养分消耗。疏果时可按果实间距法进行疏果。梨为伞房花序，每个花序有5～7朵花，大型和中型果疏果时选留第二至第四序位中的1个果，小型果可选留1～2个果。疏果要用疏果剪，以免损伤果台副梢。疏果时应疏除小果、畸形果、病虫果。疏果顺序为：先疏树冠上部、内膛部位，后疏树冠外围。

3. 果实套袋技术

1）果实套袋的作用　果实套袋是实现梨果优质安全生产的重要技术措施。套袋的主要优点为，改善梨果实的外观品质，降低果实的病虫发病率和农药污染，提高果实的贮藏性（图6-34）。

图6-34　梨果套袋

2）果袋的选择　目前市场上所用的果袋种类繁多，要注意选择优质果袋。优质果袋除具备经风吹雨淋后不易变形、不破损、不掉色，雨后易干燥的基本要求外，也应具有较好的抗晒、抗菌、抗虫、抗风等性能以及良好的密封性、透气性和遮光性等性能。质量低劣的果袋易破损，造成果面花斑，并导致黄粉蚜、康氏粉蚧等害虫入袋危害。褐皮梨选用外黄内黑双层袋；绿皮梨为外黄内白蜡质袋或先套小白袋，再套外黄内白蜡质袋；红皮梨宜选用外黄内红袋。

3）套袋时间　套袋时间因品种而异。果袋的透光率较低，过早套袋会影响果实的发育，而且此时幼果果梗木质化程度低，套袋后遇大风时易引起落果；过晚套袋则果皮外观色泽较差。套一次袋的，一般在谢花20天开始，谢花后45天内结束。同一梨园套袋，应先套绿皮梨品种，再套褐皮梨品种。绿皮梨大小果分明，疏果完成后就应着手套袋，褐皮梨套袋可稍晚些。对一些易生锈斑的绿皮梨品种，如翠冠等，为减轻锈斑的发生，可套两次袋，即谢花后20天左右套小袋，其后再过30～40天套大袋。

4）套袋前管理　套袋前，要在果面上喷洒杀菌、杀虫剂，一次喷药可套袋3～5天。分期用药，分期套袋，以免将害虫套入果袋内。喷药后待药液干燥即可进行套袋，严禁药液未干进行套袋。杀菌剂可选用 70% 甲基硫菌灵可湿性粉剂 100 倍液、80% 代森锰锌可湿性粉剂 800 倍液；杀虫剂可选用 10% 吡虫啉可湿性粉剂 2 000 倍液。套袋前喷药最好选好粉剂和水剂，不宜使用乳油类制剂，更不宜使用波尔多液、石硫合剂等农药，以免刺激幼果果面产生果锈。套袋前重点喷洒果面，药液喷成细雾状均匀散布在果面上，喷头不要离果面太近，压力过大也易造成果面锈斑或发生药害。喷药时若遇雨天没有完成套袋的，应补喷 1 次药剂再套袋。

5）套袋方法　为避免干燥纸袋擦伤幼果果面和损伤果梗，要在套袋前进行"潮袋"。"潮袋"一般在套袋前 1 天完成。在容器或盆中加深约 3 厘米的水，袋口朝下浸泡，浸泡 40 分左右，浸泡好的果袋放到背阴处避免阳光直射，备用。存放时用薄棉被覆盖或用塑料包严，浸泡的果袋数量以一天工作量为准。

一般先套树冠上部的果，再套树冠下部的果。套袋时，先把手伸进袋中使袋体膨起，把幼果套入袋中，将袋口从两边向中部果柄处收紧，再将铁丝扎紧在果柄或果枝上，使幼果悬空在袋中。一定要把袋口封严，若袋口绑扎不严，黄粉蚜、康氏粉蚧等害虫会入袋，同时也会使雨水、药水流入袋内，造成果面污染，影响外观品质。

6）摘袋时间和方法　绿色、褐色梨品种可连袋采摘。红色梨品种，如红早酥、满天红等，应在采收前 15 ~ 25 天摘袋，以使果实着色。为防止日灼，可先去外袋。摘袋应选择晴天，一般 8 ~ 11 时，摘除树体西南方向的果袋；15 ~ 17 时，摘除树体另外方向的果袋。

（三）灾害性天气及应对措施

我国疆域辽阔，东西南北跨度很大，地形复杂，因所处纬度和地理位置不同，各地气候等自然条件差别很大，均有其特殊的自然灾害。在梨树生产过程中，主要容易发生冻害、风雹和日灼等自然灾害，要防止或减轻这些自然灾害给梨树生产带来的危害，必须掌握当地自然灾害的发生规律，积极采取有效的防范措施，这对保证梨的产量和品质很关键。

1. 冻害及其防治　梨树遇低温或冰雪等，在生长季节夜晚气温急剧下降到 0℃以下致使水汽遇冷凝结成霜，导致温度低于梨树某器官或某部位忍受能力而造成冷冻伤害或死亡的现象，称之为冻害。低温可造成枝干、根茎、花芽和幼果受害。

1）冻害症状

（1）枝干冻害　绝对最低温度太低会导致枝干遭受冻害，主要发生在秋末冬初或深冬季节。绝对最低气温降到 -25℃ 时，会对多数梨树品种的枝干造成一定程度的冻害；绝对气温低于 -30℃ 时，则冻害发生更严重；绝对气温低于 -35℃ 时，则会冻死全树。距地面 15 厘米以上和 1.5 米以下的部位是主干的受冻范围。因韧皮部和木质部张力不同，树干受冻后，多致使主干西南方向树皮纵向开裂。若冻害较轻，裂缝仅发生在皮部，随着气温上升大多可以愈合；若冻害发生严重，沿裂缝树皮会脱离木质部，甚至向外翻卷不易愈合，常导致树势衰弱，甚至整株死亡。枝条受冻时首先是髓部受冻，然后是木质部，之后是韧皮部，最后是形成层与皮层，严重时依次变成黑色。一年生枝和多年生枝受冻害后的表现不一样；对一年生枝而言，自上而下表现为脱水和干枯；多年生枝，尤其大骨干枝，其有伤口的部位、角度小的分杈处和基角内部，一般性冻害或积雪会造成伤害。树皮局部冻伤，起初下陷微变色，挑开皮部发现变成黑色，之后，逐渐干枯死亡，皮部裂开和脱落。若形成层没有受伤，伤害轻微，可逐渐恢复。受冻枝干易感染干腐病和腐烂病，应注意采取防治措施。

（2）根茎冻害　主要发生在气温变化剧烈的冬初和冬末春初时，由于根茎部接近地表，进入休眠期最晚，解除休眠期最早，抗寒能力低，且地表温度变化剧烈，日温度变化幅度最大，经常发生融冻交替现象，因此该部位最易受低温伤害。根茎受冻，皮层变黑，容易剥离，冻害发生轻则局部冻伤，导致树势衰弱；冻害发生重则形成黑色皮层，围绕根茎一圈致使全树死亡。

（3）花芽冻害　花芽冻害的发生与天气和萌动的早晚有关。冬末春初，若气温回升后又遇回寒天气时，易造成花芽冻害；深冬季节若气温短暂地升高，会降低花芽的抗寒力，可能导致其花芽受冻；花芽萌动越早，遇早春回寒天气，越易受冻。花芽受到冻害的症状为芽鳞松散，髓部及鳞片基部变黑，严重时，花芽干枯死亡，俗称"僵芽"。花芽通常比腋芽容易受冻害，其前期受冻是花原基整体或其一部分受冻；后期为雌蕊受冻，柱头变黑并干枯，有时幼胚或花托也受冻。梨花蕾期受冻的临界低温为 -2.2℃，开花期受冻的临界低温为 -1.7℃。

（4）幼果冻害　幼果受害，轻则幼胚变褐，果实虽为绿色，以后逐渐脱落，受害较重，则果实变褐很快脱落（图 6-35）。

图6-35　幼果冻害

2）冻害的预防

（1）品种选择　预防冻害最为有效的途径是选择适合当地果园自然条件、气候条件和立地条件的品种。新建果园应选用抗寒优良品种（如绿宝石品种），一定程度上可减轻或抵御霜冻危害。成龄果园可采用高接换种的方法，选择适合当地的品种。高寒地区可用秋子梨等作为抗寒砧木，采用高接的方式嫁接栽培梨树品种，一定程度上可以避免冻害的发生。

（2）提高树体抗寒性　制定科学合理的梨树栽培管理技术措施，加强生产栽培管理，增加树体营养积累水平，保持树势强健，提高树体的抗寒性。注重疏花疏果，合理负载，避免过量结果；适时采收，减少养分消耗，使树体在生长期后期，能够制造和积累充裕养分，增强树体抗冻能力。在秋季根系生长高峰期，尽早施足有机肥，并混施适量氮磷钾速效复合肥，促进营养的吸收与合成，适度控水，增加树体营养的贮藏水平；梨树生长期后期对叶面多次喷洒磷酸二氢钾等，提高叶片光合能力，促使枝条充分成熟，提高树体的抗冻性。

（3）保护枝干　封冻前后，可采取涂白梨树主干和主枝，用草包裹主干、主干基部培土和灌足封冻水等措施保护梨树枝干。涂白主干和主枝，可反射阳光，降低昼夜温差，避免因阳光照射导致树皮白天温度过高，夜间温度过低而伤害树体。涂白可结合病虫害防治同时进行，可用 10 份水、1 份石硫合剂原液、3 份生石灰、0.5

份食盐和少许动、植物油配制涂白剂。入冬前主干基部培土和用草包裹主干，不仅可以防冻，还可以防止动物啃食幼树树皮。用稻草或其他柴草包裹主干，并从地表向上培高20～30厘米的土，埋住稻草，翌年3月底，去除防寒物。土壤上冻前，对梨园浇封冻水，利用水分结冰释放潜热，提高果园近地面处的温度而减少冻害。多雪易成灾的地区，由于冰雪融冻交替、冷热不均极易引起冻害，故雪后要及时振落树上的积雪，并扫除树干周围的积雪。

（4）改善果园小气候条件　霜冻，尤其晚霜冻，是造成梨园产量和品质下降的主要冻害，生产上要根据实际条件采取相应措施避免冻害的发生。已经建成的果园，应在果园上风口建立挡风墙或种植防风林，以减弱冷空气进入果园的强度；新建梨园选址要避开风口、阴坡地和易遭冷气侵袭的低洼地。在果园里，隔一定距离放一个加热器，于霜冻来临前点火增温，是防霜冻较先进而有效的方法；在果园里每隔一定距离安装一台吹风机，待霜冻来临时，打开风机，将冷空气吹散，可以起到防霜冻效果；在最低温度不低于 -2℃ 时，且有微风时，可在果园内熏烟，减少土壤热量的辐射散失，同时，烟雾颗粒吸收湿气，使水汽凝结成水滴而释放出热量，提高温度；霜前3～6天灌水、霜冻前几小时或防霜中喷水，可提高地温3～5℃，叶面可增温 2.5℃，可以减轻霜冻危害；萌芽前，树体喷涂防冻剂，可有效防止果树树体和芽体受冻害；有条件的地方可设置大棚、温室等保温措施，不仅可以提高温度，防止冻害，还可以使果实提前成熟，减轻病虫害等。

（5）延迟梨树萌芽和开花　晚霜冻主要对梨树芽和花等幼嫩部位造成冻害。生产上可以采取春季灌水，降低地温，延迟发芽；利用腋花芽发芽较顶花芽一般萌发晚，若顶花芽不能利用时，利用腋花芽结果；涂白树干、大枝，减少树体吸收热能，推迟发芽。

3）梨树冻害后的管理　梨树受到不同程度的冻害，通常是周期性大冻害和突然降温造成的，对于受害严重甚至绝产果园尽可能间作其他作物，以降低果园损失；对于不太严重的冻害，可以采取对应的措施恢复树势，降低果园损失。

（1）修剪消毒　冻害以后，受冻树易发病害，尤其是果树腐烂病，因此要加强修剪管理，及时剪除受冻死伤枝，经常检查刮除冻伤病部，并涂抹杀菌保护剂，促进愈合，尽早恢复。对冻伤枝采取短截或疏除方法进行修剪，适当多留花芽，预防花期霜冻，以保证当年的产量。对于幼树，若冻害导致破损枝较多，应对主干进行目伤刻芽，促发新枝。部分梨树枝干受冻后，症状表现较慢，枝干受冻与未受冻部位的界线在短期内不易区分，对这些枝干的修剪只需在春梢萌芽初期剪去枯死部分即可。修剪时，剪（锯）口要平。为防止腐烂病菌从伤口侵入，对较大的伤口和剪锯口要进行消毒处理，可采取涂抹油脂、3%甲基硫菌灵或封蜡等方法。若条件允许，修剪后全树喷洒72%农用链霉素可溶性粉剂4 000倍液，或石蜡保水剂10倍液等。

（2）加强肥水管理　冻害以后，需加强肥水管理，以增强冻伤修复能力，促进树体健壮生长，有效减缓冻害程度，提高受冻后花果的质量。要及时中耕，浇水施肥，施肥以氮肥为主，薄肥勤施。结合根部追肥，可进行叶面喷施0.2%～0.5%尿素和0.2%～0.3%磷酸二氢钾混合液。

（3）覆盖地膜提高地温　覆盖地膜可有效提高地温，促进梨树根系生长发育，有利于受冻梨树的恢复。

（4）病虫害防治　梨树冻害后，树势衰弱，新梢和新叶容易发生蚜虫、螨类等虫害，且易诱发轮纹病、黑星病、黑斑病、干腐病等病害，需要采取有效措施，做好果树病虫害的防治。

（5）花果管理　根据果园梨树品种和实际冻害情况，注重疏花、疏果工作。冻害导致树势严重受损，留果量应比正常年份适当减少，降低负载量，减少养分消耗，增加营养积累，以利恢复树势；树势受损不严重，根据坐果情况推迟疏花、疏果工作。冻害尤其是晚霜冻害，对幼芽和花朵会造成很大的伤害，对受害较重的果树应采取保花、保果措施。采取人工、蜜蜂或液体授粉等方式辅助授粉，同时在花期和坐果期各喷1次0.3%硼砂+0.1%尿素+1%蔗糖水溶液，提高坐果率；疏果时可以留双果；5月中下旬果园尽可能全部套袋，套袋选用优质果袋，以提高果园产量和果品质量。

2. 风、雹灾及其防治　我国北方大部分梨产区，风、冰雹偶有发生，但在某些局部地区，尤其是山区，周期性风、雹灾常有发生，给梨生产带来了严重的损失。

1）风、雹灾的危害　大风和冰雹一旦发生，导致梨树大量落叶、折枝、伤果和落果，不但直接影响当年梨果产量和质量，造成直接经济损失，而且对树势和翌年产量会产生很大影响。冰雹时间短，颗粒小，量不大，危害较轻，叶片洞穿或脱落，树体叶面积减少，光合效率下降，果实受伤，当年产量和质量下降；危害严重时，打伤树干，折伤树枝，使树体主侧枝减少，结果面积缩小，伤疤遍树，给病虫滋生创造了适宜条件，造成树势严重衰弱，使当年产量和品质下降，甚至绝收，对以后的高产稳产形成较大的不良影响。

2）风、雹灾后的救护　风、雹灾后要根据受灾实际情况，积极采取有效措施加强救护管理。为恢复树势，适当减少受害梨树的当年负载量；为防病菌侵入，对枝干上的雹伤，及时喷布波尔多液或多菌灵等杀菌药剂；酌情修剪受伤的梨树枝条；为严格控制病虫害的发生和蔓延，采取综合技术措施予以控制；为尽早恢复树势，要加强土、肥、水管理，注意树体的越冬保护，具体措施如下：

（1）及时处理落果、伤果　风、雹灾后，及时清捡受灾果园梨果。若灾害发生期果实已经接近成熟期，对于落地果中没有受伤的好果，及时捡拾分级销售；及时处理适合加工梨汁的伤果，最大限度降低损失；及时清除伤、裂严重的梨果及大量落叶，集中深埋，以预防因腐烂而造成病虫害侵染扩散。

（2）加强梨园管理　及时扶正被大风刮倒的梨树，进行浇水、培土堆，并及时剪掉风折树枝。对于受害较轻的果园，及时喷施叶面肥，并中耕表土，防止土壤板结，降低果园湿度，防止霉菌发生流行；对受害较重的果园，应进行追肥，追肥后浇水，深中耕，以利于根系生长，复壮树体，保证翌年产量。

（3）加强病虫害防治　受灾后进行病虫防治很关键，为预防病虫害的灾后暴发流行，要及时喷施杀菌、杀虫剂以防治梨干腐病、腐烂病、黑星病、轮纹病等病虫害。

3. 日灼及其预防　日灼又称日烧，是一种生理性病害，指果树由于强烈日光辐射引起器官或组织烧伤。在我国，日韩梨发生比较普遍，北方甚于南方，尤其干旱年份发生严重。

1）日灼表现　果树日灼分为夏、秋日灼和冬、春日灼。夏、秋日灼常在干旱条件下发生，主要是在枝干、叶片和果实上表现局部组织死亡。夏、秋日灼是由于温度高而且水分不足，蒸腾作用减弱，树体温度难以调节，高温和生理性干旱综合危害而造成日灼。日灼主要表现在向阳面的果实和枝条皮层，果实日灼处表现淡紫色或浅褐色下陷斑，严重时果皮爆裂，枝条日灼使枝条皮层裂开或烧伤（图6-36，图6-37）。

图6-36 日灼叶片 图6-37 日灼果实

冬、春日灼多发生在主干和大枝上，尤以果树西南面的为多。开始受害时树皮变色、横裂成块状，严重时皮层与木质部剥离，以后逐渐干枯、凹陷、裂开或脱落，造成植株或枝条死亡。冬、春日灼是因为冬、春季节白天高温辐射使处于冻结状态的细胞液解冻，夜晚温度骤降细胞再冻结，反复冻融使皮层细胞受到破坏直至死亡。

2）日灼的预防

（1）枝干保护防直射 对于冬、春日灼，越冬前用配置好的涂白液，刷到枝干上涂白，可以反射直射阳光、降低枝干表面温度，减少日灼的发生。此外，在树干上绑草把、涂泥、培土等也是防止日灼的有效方法。

（2）浇水管理 夏季高温时梨树蒸腾作用加强，容易因缺水造成日灼，故夏季干旱时及时灌溉，有利于防止日灼。为防止果实日灼，在有喷灌条件的果园，可以进行喷灌。冬季干旱地区在土壤结冻前要灌防冻水以预防日灼。

（3）提高土壤含水量 采取树盘覆草的方法，提高土壤含水量、降低地温；增施有机肥可以提高土壤持水力，降低日灼伤害。

（4）利用抗旱性强的砧木 抗旱性强的砧木一般根系入土较深，根系吸收水分较为稳定。杜梨砧木抗旱性就较强，且抗盐碱。

（5）果实套袋 果实套袋可以防止日光直射果实，有利于防止果实日灼。

七、病虫草鸟害综合防控技术

（一）主要病害及防控技术

1. 梨炭疽病

1）危害症状　梨炭疽病主要危害梨的叶片和果实，在叶片和果实上可产生黑点和轮纹状坏死斑等症状（图7-1，图7-2）。

图7-1　梨炭疽病危害叶片症状

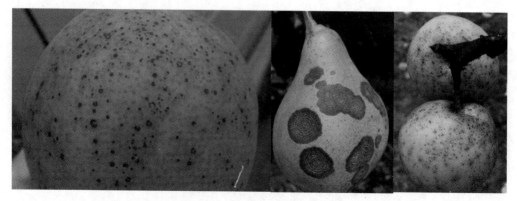

图7-2 梨炭疽病危害果实症状

2）防治措施

（1）农业防治

①增施有机肥料，增强树势。

②加强梨园管理，秋末冬初清除果园内的落叶、落果；冬季刮树皮、翻树盘；早春萌芽前剪除病枝；夏季疏除过密枝条，改善果园的通风透光条件等。

（2）化学防治

①梨树发芽前喷3～5波美度石硫合剂。

② 5月下旬至6月下旬，可选择80%代森锰锌可湿性粉剂1 000倍液、70%代森联水分散粒剂800倍液、60%吡唑·代森联水分散粒剂2 000倍液等农药交替喷雾预防。

③ 7～8月，根据天气降雨或发病情况，可选择60%吡唑·代森联水分散粒剂2 000倍液+43%戊唑醇悬浮剂4 000倍液或10%多抗霉素可湿性粉剂3 000倍液喷雾防治。

2. 梨腐烂病

1）危害症状　病斑初期为褐色至红褐色，多呈不规则形，随病情发展，可导致整个皮层腐烂，病斑略凹陷，潮湿条件下病斑呈水渍状。二年生以上病斑上密生黑色小点，春秋季湿度大时，溢出黄色稠汁液（图7-3，图7-4）。

图 7-3　梨腐烂病危害剪锯口症状　　　　　图 7-4　梨腐烂病危害枝干症状

2）防治措施

（1）农业防治

①增施有机肥，科学追肥，控制产量，增强树势。

②修剪后保护剪锯口，春季梨树发芽前剪除病枝、刮除病斑。

③枝干涂白，预防冻害。

（2）化学防治

①梨树落叶后、发芽前喷 250 克 / 升丙环唑乳油 1 000 倍液。

② 3 ～ 4 月发现病斑，刮除病斑后涂抹 250 克 / 升丙环唑乳油 300 倍液。

3. 梨轮纹病（干腐病）

1）危害症状　主要危害枝干和果实，有时也危害叶片。枝干染病时，开始以皮孔为中心形成圆形或椭圆形有淡紫褐色病斑，中央凸起，似小米粒至高粱粒大小的瘤。

果实在将近成熟时开始表现病症，初以皮孔为中心，发生褐色水渍状小斑点，病斑扩大后形成深浅相间的同心轮纹。

叶子染病多在叶片边缘处，开始为褐绿色小斑，以后成轮纹状大斑而焦枯（图 7-5 至图 7-8）。

图 7-5 梨轮纹病危害枝干症状（凸起）

图 7-6 梨轮纹病危害枝干症状（粗皮）

图 7-7 梨轮纹病危害果实症状

图 7-8 梨轮纹病危害叶片症状

2）防治措施

（1）农业防治

①加强栽培管理，增强树势，以提高植株抗病力。

②彻底铲除越冬病菌，冬季刮除树干上的老病斑。

③及时摘除被害果实，深埋处理。

（2）化学防治

①冬季刮皮后用 5 波美度石硫合剂涂抹伤口。

②在芽萌动前期喷 2 ～ 3 波美度石硫合剂。

③生长季节喷施 80% 代森锰锌可湿性粉剂 800 倍液，或 70% 甲基硫菌灵可湿性粉剂 1 000 倍液。

4.梨黑星病

1）危害症状　主要危害叶片、果实和新梢，梨感病后病部形成明显的黑色霉斑。叶片受害后，多在叶背靠近主脉处产生淡黄色病斑，上有黑霉，严重时许多病斑合在一起。果实受害后，病斑凹陷，生有黑霉，病斑木栓化，出现龟裂。新梢受害后，形成椭圆形黑色病斑，逐渐凹陷，斑上生一层黑霉。花器、叶柄、果梗等也常发病（图 7-9 至图 7-11）。

图 7-9　梨黑星病危害叶片症状

图 7-10　梨黑星病危害叶柄症状

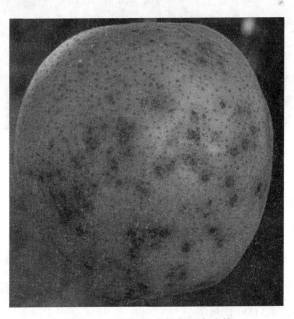
图 7-11　梨黑星病危害果实症状

2）防治措施

（1）农业防治

①加强田间管理，增强树势，提高抗病力；合理修剪，增进通风透光；秋末冬初清除果园50米内残枝、落叶及病果。

②萌芽后，剪除发病的病芽梢。

（2）化学防治

①春季要及早喷药，发芽前喷5波美度石硫合剂，上年病害重时在萌芽后花序伸出前再喷1次2～3波美度石硫合剂。

②开花前2～5天喷1次40%氟硅唑乳油8 000倍液。

③落花90%时喷1次10%苯醚甲环唑水分散粒剂2 000倍液。

④进入5月以后及时喷布80%代森锰锌可湿性粉剂800倍液、10%苯醚甲环唑水分散粒剂4 000倍液等，全年喷药6～8次。

5. 梨白粉病

1）危害症状　主要危害叶片，发生于叶背面，初期病斑为白粉霉状小点，渐渐扩大为不规则形，以后白粉布满叶背（图7-12）。

图7-12　梨白粉病危害叶片症状

2）防治措施

（1）农业防治　清扫园内落叶，集中烧毁。

（2）化学防治

①发芽前喷1次3～5波美度石硫合剂，杀死树上的越冬病菌。

②发病初期到8月，喷洒2～3次杀菌剂，可使用20%三唑酮乳油2 000倍液或43%戊唑醇悬浮剂3 000倍液等。

6. 梨锈病

1)危害症状　危害梨树叶片、新梢和果实(图 7-13,图 7-14),也可危害果柄;幼叶初发病产生橘黄色近圆形有光泽的斑点,扩大后分泌淡黄色黏液,病斑背面逐渐隆起,生出淡黄褐色毛状物,后期病斑变黑枯死;幼果发病时,生长畸形,停滞早落;新梢受害,叶柄常龟裂、易折断。

梨锈病需要在桧柏树上转主寄生才能完成全部生活史,继续生存下来。梨树、桧柏树相互距离越近,发病机会越多,距离越远,发病机会越少。

图 7-13　梨锈病危害叶片正面症状　　　图 7-14　梨锈病危害叶片背面症状

2)防治措施

(1)农业防治　梨园 5 000 米内禁种桧柏树。

(2)化学防治

①梨园周围有桧柏树,4 月初在柏树上喷 3 ~ 5 波美度石硫合剂杀菌。

②在梨萌芽至幼果期喷 68.75% 噁酮·锰锌水分散粒剂 1 200 倍液。

③发现病斑及时喷 43% 戊唑醇悬浮剂 3 000 倍液或 20% 三唑酮乳油 1 500 倍液。

7. 梨树根系病害

1)危害症状　发病初期,梨树地上部无明显症状,当根系严重受损时,吸收功能减退,无法供应梨树生长发育所需营养,表现为开花晚、叶片黄化,果实不膨大,最后植株逐渐枯死。染病的梨树一般在 1 ~ 2 年枯死,遇到连续降雨,特别是平原地区，梨园受淹积水，病树经 1～2 个月即落叶死亡。根部表现为根系变褐，坏死，后停止发育或腐败（图 7-15 至图 7-17）。

图 7-15　梨树根系病害危害症状（开花晚）　　图 7-16　梨树根系病害危害症状（叶片黄化）

图 7-17　梨树根系病害危害症状（枯死）

2）防治措施　多采用以下措施防治。

①疏花疏果，合理负载。

②加强栽培管理，增施充分发酵腐熟的有机肥或含腐殖酸的有机无机生物复混肥。

③按照梨树生长对氮、磷、钾的需求比例配方施肥，促根健壮，增强树体综合抗病能力。

④雨季及时排水，防止梨园积水。

（二）主要虫害及防控技术

1. 梨木虱

1）危害症状　以若虫、成虫吸食芽、叶、嫩梢的汁液，排泄分泌物，诱致霉斑发生，污染果面，常造成一些梨园梨叶大量变黑脱落；若虫也能危害幼果，分泌黏液，产生霉污，影响果实商品性（图7-18至图7-20）。

图7-18　梨木虱危害症状（黏液）

图7-19　梨木虱成虫

图7-20 梨木虱危害叶片症状

2）防治措施

（1）农业防治

①冬季刮树皮，消灭树上越冬成虫。

②冬季大水漫灌，冻死杂草中的越冬成虫。

③冬季大雪过后，敲打梨树主枝、侧枝等，振落梨木虱。

（2）化学防治

①梨树花序分离期喷10%吡丙醚乳油2 000倍液。

②梨树落后喷22.4%螺虫乙酯悬浮剂5 000倍液。

③进入5月之后，根据虫害发生情况，交替使用25%噻虫嗪水分散粒剂2 500倍液、1.8%阿维菌素乳油2 000倍液、10%吡丙醚乳油2 000倍液等药剂。

2. 二斑叶螨

1）危害症状　以刺吸式口器在叶片背面吸取汁液，造成叶片出现成片小的白色失绿斑点。严重危害时，叶片呈焦煳状，在叶片正面或枝杈处结一层白色丝绢状的丝网（图7-21）。

图7-21　二斑叶螨危害症状

2）防治措施

（1）农业防治

①早春越冬雌成螨出蛰前，刮除树干上的翘皮、老皮。

②剪除树根上的萌蘖。

③清除梨园内的枯枝、落叶和杂草，集中深埋或烧毁，消灭越冬雌成螨。

（2）化学防治

①3月底至4月初（越冬雌螨出蛰盛期），在果园及周围杂草和梨树萌蘖上喷3～5波美度石硫合剂。

②4月底至5月初，在梨树上喷30%腈吡螨酯悬浮剂3 000倍液。

③进入 6 月之后,根据虫害发生情况,交替使用 30% 腈吡螨酯悬浮剂 3 000 倍液、1.8% 阿维菌素乳油 1 000 倍液等药剂。

3. 梨小食心虫

1)危害症状 第一、第二代危害桃树新梢,第三代之后转移到梨树上危害,主要危害果实,危害梨幼果多从果肩或萼洼附近蛀入。被害果实虫孔很小,入果孔周围变黑腐烂,被害处凹陷,果实不变形。直蛀果心,果面不凹陷,虫粪不外排(图7-22,图 7-23)。

图 7-22 梨小食心虫危害叶片症状　　图 7-23 梨小食心虫危害果实症状

2)防治措施

(1)农业防治

①建园时防止苹果、梨、桃、杏等混栽或桃、梨邻近栽植。

②秋季在梨树主干上捆绑瓦楞纸,引诱成虫,入冬后烧毁。

③冬季深翻树盘。

④早春发芽前,细致刮树皮并集中处理。

⑤及时、经常地剪除被害梨梢。

⑥利用糖醋液诱杀,其配制比例为红糖∶醋∶酒∶水 = 1∶1∶1∶(12 ～ 16)。

(2)物理防治 悬挂频振杀虫灯,每 20 亩悬挂一盏频振杀虫灯,诱杀梨小食心虫成虫。

（3）生物防治

①利用梨小食心虫性诱剂诱杀成虫。从越冬代成虫出现开始，在果园内每亩挂一只梨小食心虫诱芯，既可以作为化学喷药防治的依据，也可诱杀大量的梨小雄蛾。

②悬挂迷向丝防治。

③释放赤眼蜂防治。

（4）化学防治　根据虫情测报，在梨小成虫羽化高峰期后2～3天，喷药防治，效果最佳。6月下旬开始，交替使用10%吡丙醚乳油2 000倍液、2.5%灭幼脲悬浮剂2 000～3 000倍液、35%氯虫苯甲酰胺水分散粒剂8 000倍液。

4.梨瘿蚊

1）危害症状　以幼虫危害嫩叶为主。初期危害症状与梨二叉蚜危害相似。嫩叶叶尖或叶缘先受害，嫩叶受害后，叶面向内侧卷曲，然后叶的一边或两缘纵卷成筒状。被害叶逐渐失绿，质地硬脆，最后变黑脱落，严重时还可引起秃梢（图7-24，图7-25）。

图7-24　梨瘿蚊危害叶片症状

图7-25　梨瘿蚊老熟幼虫

2）防治措施

（1）农业防治

①结合冬季施肥和清园，将树冠下的表土深翻10～15厘米。

②于春梢、夏梢生长期，及时剪除被幼虫危害的叶片，并集中烧毁，以减少虫源。

③秋季在梨树主干上捆绑瓦楞纸，引诱老熟幼虫，入冬后烧毁。

（2）化学防治

①芽萌动前喷 3 ～ 5 波美度石硫合剂。

②第一代成虫出蛰前（3 月中旬），在树冠下喷洒 50% 辛硫磷乳油 300 倍液。

③4 月初及 5 月中旬喷 10% 吡虫啉可湿性粉剂 1 000 倍液。

5. 梨茎蜂

1）危害症状 以成虫产卵和幼虫蛀食危害枝梢，成虫产卵后折断新梢先端部位（图 7-26）。

图 7-26 梨茎蜂危害症状

2）防治措施

（1）农业防治

①彻底剪除被害梢。

②悬挂黄色双面粘虫板。在梨树初花期将黄色双面粘虫板（规格 20 厘米 × 30 厘米）悬挂于离地面 1.5 ～ 2.0 米高的枝条上，每亩均匀悬挂 12 块，利用粘虫板的黄色光波引诱成虫，使其被粘住致死（图 7-27）。

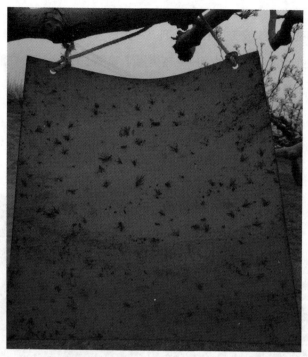

图7-27　粘虫板

（2）化学防治　梨树开花前在剪掉的梨树枝条上喷50%辛硫磷乳油300倍液。

（三）草害、鸟害防控技术

1.梨园草害防控技术

1）梨园主要草害　梨园主要草害有：灰绿藜、蒺藜、播娘蒿、苘麻、刺儿菜、香附子、田旋花、婆婆纳、野鸡冠花、牛筋草、猪殃殃、虎尾草、刺苋等，梨园杂草太多，特别植株高大的杂草，会与梨树争夺肥水，需对杂草进行防控。

2）梨园主要草害防控措施

（1）人工除草　人工锄地，人工拔草，机械旋耕等。

（2）铺黑色薄膜或黑色园艺地布　梨树树盘下或梨树行间铺黑色薄膜、黑色园艺地布，杂草不能生长，达到除草目的。

（3）化学防治　每亩用200克/升草铵膦水剂150～300克，均匀地喷到杂草上。

（4）梨园生草　梨园除草后，可以种植绿肥植物，如三叶草、紫花苜蓿、毛叶苕子、野燕麦、黑麦草等抑制杂草的生长。

（5）间作　在梨树的行间科学合理地间作一些低秆农作物（如花生等）抑制杂草

的生长。

（6）覆草　在梨树行间覆盖作物秸秆、麦糠、杂草、树叶等防止杂草的萌发。一般覆盖厚度在20厘米左右。

2. 梨园鸟害防控技术

1）梨园鸟害　梨园主要鸟害有灰喜鹊、麻雀、乌鸦、斑鸠等（图7-28，图7-29）。

图7-28　鸟类危害梨果实症状

图7-29　梨园害鸟

2）梨园鸟害防控措施

（1）声音驱鸟　在梨园内用高音喇叭或者播放器进行循环播放鞭炮声或者常见害鸟天敌的叫声达到驱鸟的目的。

（2）视觉驱鸟　在梨园地面铺设反光膜或者悬挂色彩鲜艳的反光彩条，利用强烈的反射光线会使鸟短期不敢靠近梨树，具有一定的驱鸟作用。

（3）化学驱鸟　把驱鸟剂用水稀释后喷施到梨树上，可以持久缓慢释放一种影响鸟类中枢神经系统的香味儿，使鸟儿产生很强的不适应感而不愿意靠近梨树达到驱鸟的目的。

（4）搭建防鸟网　通过搭建防鸟网，形成一道人工隔离屏障，使鸟雀不能飞入梨园，可有效地控制鸟雀危害梨果，也是较有效的防鸟措施。

八、梨果实采收及采后处理

（一）梨果采收

采收是梨果生产上的最后一个环节，也是贮藏开始的第一个环节。采收的基本原则是适时、低损伤。采收过程应仔细操作，轻拿轻放，尽量避免擦伤等硬伤，保持果实完好。套袋梨果要带袋采，分级包装时再除袋，以避免多次翻动造成损伤。

1. 采收期的确定 梨果实品质的好坏不仅取决于品种因素、环境因素和栽培管理措施等方面，而且与采收期的正确与否有着密切的关系。果实采收期的早晚将直接影响果实的成熟度与产量品质，并关系到果实的耐贮性和抗病能力。采收过早，果实达不到其应有的产量和品质，在贮藏期容易失水，有时还会增加某些生理病害的发病率，果实的保护组织尚未发育完善，内含物积累不足，呼吸代谢强度往往较高，因而耐贮藏性差；采收过晚，会因过度成熟导致质地松软、脆度下降而影响果实品质，还容易在采摘、搬运过程中损伤败坏，同时果实衰老快，会缩短贮藏期，更不耐贮运。如果错过最佳贮藏采收期，果实已经从生长发育阶段转向衰老阶段，抗病力也逐渐下降，容易被病原物侵染，并易发生贮藏病害。

所以，在果园管理中应该根据梨果采后的用途、运输距离的远近、贮藏和销售时间的长短以及产品的生理特点来确定梨果的最佳采收期（即最佳采收成熟度）。梨果的成熟度分为3种：

1）可采成熟度 果实的物质积累过程基本完成，大小已定型，绿色减退，开始呈现本品种固有的色泽和风味，但果肉硬度较大，此时采收的果实适于远途运输和长期贮藏。

2）食用成熟度 种子变褐，果梗易和果台脱离，果实表现出该品种固有的色、香、味，食用品质最好，此期采收适于就地销售鲜食、短距离运输和短期冷库贮藏。

3）生理成熟期 种子充分成熟，果肉硬度下降开始软绵，食用品质开始下降。一般采种的果实在此期采收。

此外，正确、合理的采果期，除了根据成熟度来确定以外，还要从调节市场供应、贮藏、运输和加工的需要，劳力的安排，栽培管理水平，品种特性及气候条件等来确定。

2. 采收标准 果实体积、重量的增长已基本完成，并部分呈现出品种特有的色泽、肉质和风味，果实中可溶性固形物含量较高，淀粉开始水解为可溶性糖，果柄和果台间形成离层，同时果实仍保持一定的硬度。该过程可以采用糖度计测定可溶性固形物的方法来确定，操作简单，方便使用。

3. 采收方法 梨果采收一般分 2 ~ 3 次进行，先采收大果，待 5 ~ 7 天再行采收。采收时间应在晴天进行，下雨会导致梨果表面残留水分，容易感染细菌或腐烂，不利于贮存。摘果应按照先里后外、由下而上的顺序进行，采摘动作要轻，既要避免碰掉果实，又要防止折断果枝。摘果时用手握住果实底部，拇指和食指按在果柄上部，向上一抬，果柄即与果枝分离，要注意保护果柄，不要生拉硬拽，以免损伤果柄、果台和花芽。摘双果时，一手托住所有果实，另一手先摘一果，再摘另一果，以防果实掉落。摘下的果实要轻放、轻装，梨果的装载工具最好使用竹篮（箱）、塑料篮（箱）等，箱内要用柔软轻质材料衬垫，不应直接装在麻袋、布袋中，麻袋、布袋容易变形，造成梨果因挤压、擦碰而受到损耗。采收箱装果不宜太满，以免挤压或掉落，每箱重量不超过 15 千克。采摘下的果实放在阴凉处，以免日灼。

梨果实水分含量大，果皮薄，肉质脆，很容易造成机械损伤，采收过程中要做到"四轻"，即轻摘、轻放、轻装、轻卸；避免造成"四伤"，即指甲伤、碰压伤、果柄刺伤和摩擦伤，才能保证果实的品质、贮藏质量和减少腐烂。为减少碰压伤，采收时要轻拿轻放，剪指甲，戴手套；包装要尽量减少周转次数，周转和包装器具符合要求。采摘容器要内衬软布或带袋采收（图 8-1）。

图 8-1　采果袋

采收注意事项：分期分批采摘，提高果实品质；减少磕碰、刺伤，提高商品果率，降低腐烂率；用于贮藏的梨，采前 1 周梨园应停止灌水，若遇雨天，最好在雨停后的 2～3 天后采摘；梨果特别是早熟品种尽可能在气温较低时采摘；梨果尤其是通风库（窖）贮藏的梨果，采前 2 周喷 1 次高效、低毒的杀菌剂等；贮藏果建议带袋采收、入库、贮藏，或脱袋后套网套或包纸贮藏。

（二）梨果采后商品化处理

为提高梨果生产标准，现根据目前梨商品化处理经验，简要介绍梨果采后商品化处理的主要技术环节。

1. 果实分级与初选　梨果采收后，不要露天堆放，要尽快运到选果场进行分级和初选。分级方式有人工和机械两种。人工分级用工量大、人工成本高，传统的人工分级主要是目测法，即按照人的视觉判断，根据果实的外观颜色和大小进行分级，这种方法主观性较强；目前一般采用选果板进行分级，即根据选果板上不同的孔径将果实分级，该方法分级误差较小。机械分级是采用机械根据果实重量选果，目前生产中应用较多的有分级机、筛选机、选果机（图 8-2）等设备，可实现规模化处理、提高工作效率，但损耗较人工大，初期设备投资高。操作时注意做到轻拿轻放，梨果不可去袋，并要求果品分规格在框内摆放整齐，满框后及时放置规格标签。

图 8-2　选果机

将分级后的果实去除果袋，挑选外观完好的果实，剔除机械伤果、病虫果、落果、残次果和腐烂果。对果柄硬脆的梨品种，要及时将果柄剪短（与果肩相平或略低），以免果实相互扎伤（图 8-3）。

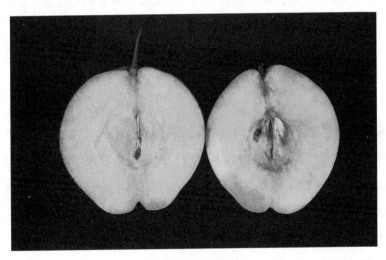

图 8-3　果柄长度

2. 果实包装与入库　分级初选后的果实要及时包装入库。包装既可以避免或减少因挤压、碰撞、摩擦等对果实造成的机械伤害，也可以减少果实水分蒸发，防止病虫害蔓延，保护果实不受外界污染，便于搬运和贮藏。一般是将梨果用网套包裹后装入透气性良好的瓦楞纸箱内，然后入库。

1）包装　可分为礼盒包装与普通包装。

（1）礼盒包装　果品质量好，包装精美，面向高档消费或集团消费。包装宜选用开启方便的套箱，对选择的精品果进行单果包装，每个梨果用不吸水的白色拷贝纸包裹后，用泡沫网套罩住梨果中部外缘，再在包裹纸中部贴上标签；果箱内放单层果12个左右，下衬果托，以利果品展示。包装箱可采用高级单层瓦楞纸箱，箱体两侧留4～6个气孔（直径15毫米左右）保证空气流通，箱体上标明商品相关信息。

（2）普通包装　采用中档双层瓦楞纸箱或封口箱，每箱装果30个左右，重量10～11千克，用果托分2层包装排列，单果用泡沫网套防护，一般面向中档消费，同时也能满足梨果团购及超市的进货要求。以上包装适宜冷藏，贮运方便，能满足果品长距离、大货量的长途运输。

2）入库　注意梨果入库前需完成对库内的消毒预冷，可用硫黄、过氧乙酸、漂白粉等熏蒸或喷洒消毒，其中硫黄消毒按10克/米^{3}用量，加少许乙醇或木屑助燃，使硫黄充分燃烧产生二氧化硫，密闭24小时左右，之后通风1～2天；然后将冷库提前预冷，可降温至2～3℃，以便果实入库后快速降温，预冷时间以24小时为宜。果箱入库后堆码成垛，垛底垫板架空10～15厘米，箱与箱之间留有空隙。果实分批进入预冷库，每天入库量不要超过总库容的20%。

（三）梨果贮藏保鲜

梨果采收后仍然是一个"活"的、有生理机能的有机体，在流通和贮藏中仍然需要进行呼吸、蒸发等生理活动来维持其生命，此过程若管理不当，会引起生理或病理危害，造成10%～20%损耗，有些甚至采后损失达30%左右。贮藏保鲜可以保持梨果的固有风味和新鲜度，提高商品价值，延长梨果供货期，减轻销售压力。因此研究并大力推广和普及各种贮藏保鲜技术，对确保梨果品质，季产年销，丰产丰收，以供应国内外日益增长的需求，实为梨产业生产发展的一项重要环节。

1. 梨果贮藏技术

1）通风库（或土窑洞）贮藏　依靠自然冷源降温的半地下式（或全地下）通风库和土窑洞等简易场所进行短中期贮藏是我国北方一些水果产区的主要贮藏方式，通常选择地形高、地下水位低、阴凉通风的位置建造，通过通风换气设施，使库内、外空气发生对流，以保持库内温度适宜且比较稳定，属于自然冷却贮藏范围，限于秋末至初春（春节前后）。此种模式温度应控制在10℃以下，最佳贮存温

度为 -2 ~ 5℃，空气相对湿度 90% ~ 95%。梨果实贮存期间，每 6 ~ 7 天通风一次，每 25 ~ 30 天检查一次，及时倒箱，剔除染病或腐烂的水果，并及时带出库外。此方式虽然成本较低，但受地域和气候限制，受外界温度影响较大，如管理不当或贮期过长，就会腐烂较高，品质下降。因此，优质果品和中长期贮藏的果品，应采用机械冷藏库或气调库贮藏。

贮藏初期注意控制通风，在早晨或晚上打开门窗或通风孔进行通风换气，引入冷空气、排出热空气；贮藏中期要采取防冻和保温措施，以不冻、不升温为原则，适当通风换气。

贮藏期间要根据库内外温差及时进行温湿度的调节，温度较高时，应及时洒水以增加空气相对湿度，并打开吊扇冷却；湿度较低容易引起脱水，因此要特别注意湿度调节。

当外界气温和土温持续升高，夜间温度难以维持低温时，应及时将产品出库销售。

2）机械冷藏库贮藏　机械冷藏库贮藏是我国梨果贮藏的主要方式之一，大多数的梨品种可采用机械冷藏库贮藏。冷库要提前消毒并降温。在机械冷藏库贮藏过程中，要注意库内温度条件，防止冷害的发生。库内果箱堆垛体积不应太大，果箱间保留空隙，堆垛应离地面 15 ~ 20 厘米（果箱底部一般用托盘或垫木垫起，托盘或垫木的放置方向应不影响库内冷风循环），距顶部 20 ~ 30 厘米，堆垛间距保持在 0.5 ~ 0.7 米，并在库房中间留有 1.0 ~ 1.3 米的人行通道兼作通风道。梨采后应尽快入库贮藏，每天的入库量应不超过库容量的 20%。入库完成后，温度应在 2 ~ 3 天降到指定温度。但对于低温敏感型品种入库后应采用逐步分段降温法降温。储存期间，应保持温度和湿度稳定，加强库内空气循环和通风换气管理，温度控制在 -1 ~ 1℃，温度过低易发生冻害，高于 5℃ 易发生腐烂；空气相对湿度应保持在 85% ~ 95%，可采用地面洒水、挂湿草帘或加湿器加湿；通风宜选择清晨气温最低时进行，以防止引起库内温湿度有较大波动，通常每 10 天左右进行一次通风换气。与通风库（窑）不同，机械冷藏库不受外界气候和地域的限制，其贮藏管理技术关键是科学（准确）控制库温、保持库内湿度和加强通风换气。

3）气调库贮藏　气调库贮藏是在冷藏的基础上，通过改变贮藏环境中气体成分相对比例，降低果蔬的呼吸强度和养分消耗，抑制催熟激素乙烯的生成，减少病害发生，延缓果蔬的衰老进程，从而达到长期贮藏保鲜的目的。气调库贮藏主要有塑料大帐、塑料袋保鲜、气调包装贮藏和机械气调库贮藏。该方法投资、使用和维护费用较高，而且不同品种的梨都有其最佳气调指标，且氧气和二氧化碳组成的变化会导致梨果实的生理和生化代谢发生变化，因此在对梨果进行气调库贮藏时，须先了解其合适的气体成分比，控制袋内或室内二氧化碳和氧气的浓度。关于温湿度方面，大多数梨品种贮藏的适宜温度为 0 ~ 1℃，空气相对湿度为 90% ~ 95%。此外，贮藏期间入库检查，须二人同行，均应戴好氧气呼吸器面具，库门外留人观察；贮藏结束时，打开库门，开动风机 1 ~ 2 小时，待氧气浓度达到 18% 以上时，方可入库操作。

在上述 3 种贮藏方式中，梨园生产中最常用的贮藏方式有通风库（或土窑洞）贮藏和机械冷藏库贮藏。前者场所构造简单，贮藏成本低，与其相比，后者不受外界气候和地域的限制，能够科学控制库温、保持库内湿度和加强通风换气。生产中可根据果园自身条件选择合适的贮藏方式。注意早熟梨销售主要是争取早上市，应慎重采用贮藏。

2. 梨果保鲜技术

1）1-MCP 保鲜技术　1-MCP 是一种新型的无毒、高效的乙烯作用抑制剂，与水接触后变成可挥发气体并可优先与细胞膜上的乙烯受体发生不可逆的结合，导致乙烯信号传导受阻，不仅能强烈抑制内源乙烯的生理效应，还能抑制外源乙烯对内源乙烯的诱导作用，不能起到催熟作用，从而达到保鲜的目的，且作用效果持久。1-MCP 处理对于保持梨果实硬度、色泽，延缓果实衰老，尤其是在抑制梨的虎皮病、黑心病等方面效果更为显著。但也存在负面影响，一是抑制果实香气的形成；二是西洋梨和秋子梨品种采收过早，使用浓度不当，果实不能正常后熟；三是一些对二氧化碳敏感的品种在使用 1-MCP 处理时会增加二氧化碳伤害的可能性。

1-MCP 保鲜处理技术要点：

①梨果采后要尽快处理。

②使用浓度因品种而异。丰水、圆黄等二氧化碳不敏感品种可采用 1.0 微升 / 升熏蒸处理；黄金梨、鸭梨、八月红等二氧化碳敏感品种，宜采用 0.5 微升 / 升，西洋梨和秋子梨的品种，使用浓度更低些。

③西洋梨和秋子梨采用 1-MCP 处理时，应注意后熟问题。

2）臭氧保鲜技术　臭氧作为一种高效、安全的消毒剂，在食品保鲜中的应用效果显著，其技术原理在于利用臭氧的强氧化和杀菌特性，氧化乙烯后快速减少贮藏环境中的乙烯，杀菌后减少有害微生物的侵染，从而达到延缓衰老和维持品质的效果。臭氧保鲜处理的最适宜贮藏温度低于10℃，贮藏环境中最佳空气相对湿度90%～95%。同时，也适于高湿度冷库、半地下式通风库、未进行密封包装的梨果实保鲜。臭氧保鲜技术是新兴的保鲜技术，具有高效、光谱杀菌、无毒、无残留、保鲜效果好的特点。梨在臭氧处理下表面的微生物发生强氧化作用，使细胞膜破坏甚至死亡，以达到灭菌和减少腐烂的目的。此外，臭氧可以抑制细胞内氧化酶的活性，阻碍糖代谢的正常进行，使果品内部的新陈代谢水平降低，同时臭氧还能分解果实放出的乙烯气体，延长果品的贮藏期。